STYLE

STYLE

【瓶漬魔法2】

封藏春夏秋冬美味的罐裝常備菜

春夏秋冬の魔法のびん詰め

日本美食規畫師
人氣料理設計師
小寺宮 KOTERA MIYA／著

簡琪婷／譯

前言——將四季的美味裝進瓶罐裡

日本四季分明，春天有山菜，夏天有番茄、小黃瓜等農作物，秋天有菇類……每個季節各有不同的當令食材。雖然能夠藉由氣候的變化覺察季節轉換，但是我總覺得還是要品嚐了當令食材，才能真正感受到相應季節的來臨。

不過，當令食材在市面上大量出現的期間其實相當短暫，若因忙碌而稍沒留意，將錯失品嚐的好時機。因此，我總是算準自己空閒的時段，一股勁兒地將當令美味全都裝進瓶罐裡。

就算每天吃也不嫌膩，對我而言，這是令人懷念、美味的「御萬歲」，因此經常被我裝進瓶罐裡。所謂「御萬歲」，就是京都家庭所食用的家常菜，意指將四季不同的當令食材及手邊現有食材巧妙搭配，毫不浪費地活用而做成的佳餚，完全不需用到昂貴或特殊的食材。

像是，「魛仔魚燉萬願寺辣椒」正是夏季的代表美食。

即便是令人感到食慾不振的炎炎夏日，只要有事先冷藏於冰箱的菜色和米糠醬菜，就能胃口大開，這時反而需要擔心自己會不會吃太多呢。若想要添道菜，就以「梅子味噌」來炒肉和青菜，三兩下便能端上桌。

冬天時，則會用事先買好的蘿蔔絲乾及紫萁，製作大量風味濃郁的御萬歲備用。就算遇上冷到懶得出門的日子，只要有御萬歲的罐裝保存食，另外再搭配魚乾、湯品和醬菜的話，就是一頓豐盛的晚餐。

我家平常的三餐，就是像這樣以罐裝保存食爲主軸來決定菜單。即使我工作晚歸，只要打開冰箱，裡面隨時都備有某種罐裝常備菜，因此我從未爲了做飯而苦惱。

爲了方便大家容易找到採用當令食材製作的罐裝常備菜，本書特別分成各個季節來介紹罐裝食品及其變化菜色。

比方說，運用屬於夏天的「麵線醬」和「高湯漬油炸夏季蔬菜」，做出配料豐富的麵線……諸如此類，只要將屬於相同季節的罐裝保存食互相搭配，便能完成一桌美味佳餚。

此外，不光是當令食材，書中也介紹了許多在各個季節中想要品嚐的罐裝美味。舉例來說，雖然「美乃滋」和「芥末籽醬」不分季節、一年四季都能製作，但是只要一到春天，往往會對生菜或三明治食慾大開，因此一到春暖花開，我家餐桌上絕對少不了這兩種罐裝保存食。

我甚至還會聯想，如果也做了「紅蘿蔔沙拉」或「義式醃菜」等罐裝常備菜搭配，就能作為三明治的夾餡或配菜，每當這種時候腦中有關菜單的點子總是源源不絕。

由於每個家庭的成員組合及生活步調不完全相同，因此大家不妨從書中眾多的罐裝美味提案中，找出自己最喜愛的、並且加以調整變化，讓它更便於運用，試著做出更多「我家專屬的瓶漬魔法」。

contents

3 凝縮著豐收的「美味」秋天的罐裝常備菜

4 冬天的罐裝常備菜

滋補身心的美味

企劃・構成／東京圖鑑公司
攝影・造型・製印／こてらみや
插畫／林まゆみ

製作罐裝常備菜前須知

如果想要製作安全又能有效保存的罐裝常備菜，你必須知道消毒的方法與瓶罐的特徵。以下是製作罐裝保存食時，最重要的基本常識。開始烹調之前，請各位務必閱讀。

關於瓶罐的消毒

罐裝食品最容易疏忽的，就是造成腐壞的雜菌和黴菌。將食物放入瓶罐時，一定要使用消毒過的乾淨瓶罐。尤其像梅雨季節等溼度高的時期，雜菌容易繁殖，必須更加小心。

酒精消毒

裝盛後短期內就會吃完的家常菜瓶罐，以及無法放入鍋子的大型瓶罐與小口徑瓶罐，這些瓶罐都可用酒精濃度較高（35度以上）的甲醇或食用酒精消毒，非常簡單。

大口徑的瓶罐可用廚房紙巾沾酒精擦拭內側，密封條和蓋子也務必消毒。至於手搆不著的小口徑瓶罐，可在裡頭倒入適量酒精，用力晃動消毒，等待乾燥後即可使用。

煮沸消毒

煮沸是最確實的方法，尤其是使用沒煮過的食材，或是要長期保存果醬、糖煮食品等，建議使用這種方式。

在大鍋子底部鋪上毛巾，將瓶罐擺放其上，加入一些水，以中火慢煮直到沸騰，大約煮十分鐘後就能取出。取出的瓶罐必須擺在乾淨的毛巾上，瓶口朝下放置、自然風乾。蓋子和橡皮密封條長時間放在熱水裡會變形，所以煮約二十秒就要取出。

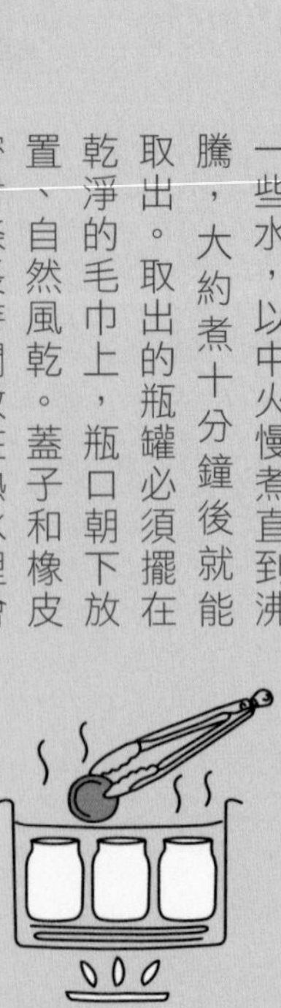

瓶罐的脫氧

果醬、糖漿、糖煮食品等，需要完全排除瓶罐內的空氣，藉此延長保存時間，這個方法稱為脫氧。

將食品裝至八分滿時，輕輕蓋上蓋子。接著在鍋底鋪上毛巾，放入瓶罐，將水加到瓶罐高度的七分滿左右。開火煮沸後，轉小火繼續煮三十分鐘後取出，重新蓋緊瓶蓋，瓶身倒扣、等待冷卻。若能確實脫氧殺菌，食品常溫約可保存一年。

容器的種類

玻璃瓶罐本身不容易沾附食物的味道，且耐熱、耐酸蝕，最適合用來保存食品。再加上瓶身透明，不用打開蓋子，也能夠確認內容物。

瓶罐的種類很多，每種瓶罐都有不同特徵，可依需求選擇使用。

扭蓋式瓶罐

這個方式開關容易，密封性高，適合用來保存任何食品。如果你要回收使用市售的果醬和佃煮空瓶時，要注意確認蓋子的密封膠條是否損傷。

塑膠蓋廣口瓶

蓋子容易開關，反過來說，也就是無法脫氧或完全密封。這個方式適合盛裝必須放入冰箱冷藏、每天食用的家常菜或醬菜。

密封廣口罐

市面上有許多附有橡膠或矽膠密封膠條的瓶罐，耐酸蝕、廣口，大小尺寸均有，適合用來保存西式醃菜或糖煮食品。

窄口瓶

窄口瓶最適合用來盛裝糖漿、醬汁。當蓋子劣化或瓶子本身是皇冠蓋時，可使用口徑適合的軟木塞替代。軟木塞的優點是可以在家具、家飾中心等地方購得。

方便的器具

以下，將介紹我在製作罐裝食品時，所使用的器具中特別值得推薦的物品。

當然，你也可以利用手邊現成的器具，不過，如果有底下這些器具會更方便。希望各位可以考慮備齊這些物品，不僅能夠幫助你製作罐裝食品，在烹飪時也能夠派上用場。

鍋子

琺瑯鍋耐酸蝕與鹽分，最適合用來製作果醬。材質較厚的鍋子保溫功能夠高，同樣值得推薦。

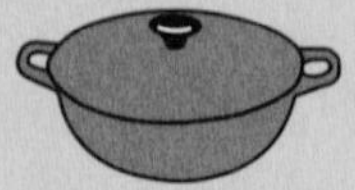

計量工具

以公克為單位的電子秤很好用。深的量匙比淺的量起來更準確。至於量杯，如果有500cc和200cc（每杯）兩種尺寸就很方便。

濾布和紗布

用來過濾或榨汁時很方便。與廚房紙巾不同的是，濾布和紗布可以反覆清洗，非常耐用。尤其是濾布，用久了會變軟，變得更好用。

食物調理機

短時間內就能夠把食材打成泥或搗碎，十分方便。手持式的攪拌器，運用在少量食材時非常好用，清理收拾也不難，值得投資一臺。

夾子和橡膠手套

夾子可用來取出煮沸消毒的瓶罐，推薦選購末端是矽膠材質的產品。橡膠手套可用來打開關得太緊的瓶蓋，或是將發燙的瓶蓋關上。

漏斗

使用於糖漿或果醬裝罐時，可幫助順利裝瓶，不弄髒瓶口，食材也不會漏出來。

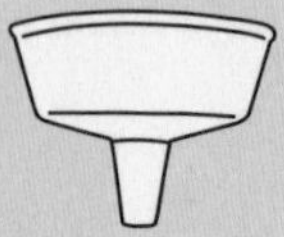

關於料理用語

●少許、一撮

「少許」的標準，是指以拇指和食指捏住的份量。有時，「一撮」也會寫成「少量」，意思是拇指、食指和中指捏住的份量。

●適量、適度

「適量」是剛剛好的份量。「適度」是依照個人喜好，只要你覺得需要即可加入。

●降溫

將加熱過的東西放涼，直到能夠用手直接觸碰的溫度；也可裝在鍋子裡，並將鍋子浸泡在流動的水裡；若是固態物，可鋪開放在篩子或調理盤上冷卻。

●撈除雜質

雜質是食材所含的苦澀物質。烹煮食材時，這些物質會與泡沫一起溶出，可用湯勺將這些雜質撈起清除。

●泡水

將有澀味或辣味的食材泡水，可以去除這些味道；或藉由泡在水裡，讓蔬菜等吸收水分，增加爽脆的口感。

●幾乎蓋過食材、剛好蓋過食材

「幾乎蓋過食材」是指食材稍微露出於水面之上。「剛好蓋過食材」是指食材正好完全浸泡於水中的狀態。

●煮到收汁、煮沸、煨煮鎖味

「煮到收汁」是指把水分煮到乾；「煮沸」是指讓食物煮沸；「煨煮鎖味」則是指慢慢熬煮，讓調味料完全滲入食材之中。

●晒乾、風乾

兩者都是用來風乾蔬菜或魚類的方法，去除多餘水分，濃縮鮮味。

●入味、調味

「入味」是指讓整體都有味道；「調味」是指一邊調整味道，最後撒上適量的鹽等調味料。

●靜置

為了讓東西入味，將已經調味的材料暫時擺著。

●防溢蓋

製作滷味時，使用比鍋子小一圈的小蓋子直接蓋著材料，讓滷汁能均勻分布在所有材料上，避免有東西沒入味，也能防止食材煮過爛。市面上，有木頭製和不鏽鋼製的專用防溢蓋，也可使用廚房紙巾或鋁箔紙代替。

關於計量

計量工具標準為1杯＝200cc，1合（一個量米杯）＝180cc，1大匙＝15cc，1小匙＝5cc。

◎全部都是平杯／平匙測量。

關於保存期限

保存期限會根據使用材料與製作環境而不同。本書標示的只是大概標準，各位務必憑藉自己的舌頭和眼睛加以確認，只要感覺不對勁就應該丟掉，別覺得浪費。

好了，咱們動手吧！

書中食譜的份量是根據我使用的調味料，以及我喜歡的口味所寫成。糖、鹽等使用的調味料不同，或是火力大小、烹飪器具的不同，都會改變味道。因此，書中食譜只是參考標準，請各位相信自己的味覺自行調整。

如果大家能夠藉由本書食譜做出屬於「自己的味道」，將是我的榮幸。

第1章

春天的罐裝常備菜

裝滿了新鮮水嫩

款冬花梗醬

臺灣盛產季：1～5月

當我看到款冬花梗，就會想起有個熱愛滑雪的朋友，每個週末都會帶我去滑雪。在滑完雪的歸途，我們總會沉迷於尋找從雪地裡驀然探出頭的款冬花梗，然後摘採回家。

通常，款冬花梗多半拿來做成天婦羅或款冬味噌，但我家則是先做成天婦羅品嚐，吃不完的就做成接下來的抹醬。雖然加入了大蒜和鯷魚，不過款冬花梗的香氣可是毫不遜色，不但能用來當作義大利麵醬，也可做為魚和肉類料理的醬料。這是讓略帶苦味的春天香氣得以長時間品嚐的一種罐裝食品。

材料（方便製作的份量）

款冬花梗20個、大蒜（切末）1瓣的份量、鹽漬鯷魚3片、橄欖油適量

作法

①切除款冬花梗底部受損部分，以及外側受損的花萼，大略切塊後放進鍋內。

②將大蒜和鯷魚放進鍋裡，倒入橄欖油直到幾乎蓋過食材後開火烹煮。煮沸後，再轉極小火繼續熬煮約十分鐘。

③離火降溫後，以攪拌器拌成糊狀。裝進乾淨的瓶罐中並放進冰箱冷藏，約可保存三個月。

＊保存時要倒入橄欖油並蓋上瓶蓋，避免變成糊狀的款冬花梗與空氣接觸。

新馬鈴薯筆管麵拌款冬花梗醬

材料（2人份）

新馬鈴薯2～3顆、筆管麵160g、款冬花梗醬2～3大匙、鹽及白胡椒各少許

作法

①將新馬鈴薯配合筆管麵的粗細切成條狀。
②在鍋內燒滾大量開水後加鹽，然後烹煮筆管麵及新馬鈴薯。
③將款冬花梗醬、煮好的筆管麵、新馬鈴薯、煮筆管麵的湯汁2大匙，放入調理盆中拌勻，再以鹽及白胡椒調味即可。

＊編按：新馬鈴薯（New Potato）指的是新生長出來的小馬鈴薯，其外皮更薄、質地更脆。

款冬花梗法式三明治

材料（2 人份）

法式鄉村麵包或法式長棍麵包等硬麵包2～4片、款冬花梗醬適量、帕瑪森乾酪適量

作法

①將款冬花梗醬塗在麵包上，再撒上大量刨絲的帕瑪森乾酪。
②將麵包放在鋪有烘焙紙的烤盤上，以230度的烤箱大約烘烤五分鐘，直到乾酪出現焦色即可。

韭菜泡菜

臺灣盛產季：全年盛產

通常被認爲是夏天蔬菜的韭菜，其實最美味的時期是葉片較嫩的春天。雖然以汆燙或淋上蛋汁的方式較爲清淡，但品嚐起來也挺不錯。我比較推薦剁碎後拌入韓國辣椒或醬油，做成泡菜。雖說是泡菜，卻有別於白菜泡菜及白蘿蔔泡菜，韭菜泡菜完成後便能立即享用，正是它的絕妙之處。除了直接食用，還能拌入鹽漬蔬菜，或是當作炒菜的調味料，因此就算醃製了很多，沒過多久就用光了。趁菜價便宜的時候，買回來一次醃好備用，之後料理時就會很方便喔，請務必嘗試看看。

材料（方便製作的份量）

韭菜1把

〈A〉蘋果1/6顆、嫩薑1/2塊、韓國辣椒1～2小匙、醬油1又1/2大匙、魚露1/2小匙

作法

①韭菜洗淨後充分瀝乾水分，略切為1公分小段。

②蘋果和嫩薑去皮磨成泥。

③將①的韭菜和〈A〉放進調理盆中以手充分拌勻。

④裝進乾淨的瓶罐中，靜置約一小時即可食用，放入冰箱冷藏約可保存一個星期。

＊如果買不到韓國辣椒，可在甜椒粉中加入少量一味辣椒粉來代替。另外，運用梨子代替蘋果也能美味上桌。

韭菜泡菜韓式拌飯

材料（1 人份）

韭菜泡菜2～3大匙、白飯1碗、全張烤海苔1/2片、醬油肉燥（參考P.56）2大匙、苦椒醬少許、麻油少許、白芝麻適量

作法

①將烤海苔絲、醬油肉燥、韭菜泡菜、苦椒醬（依個人喜好）放在裝碗的白飯上，然後滴入麻油、撒上芝麻，再以湯匙拌勻後即可食用。

＊編按：苦椒醬又稱紅辣椒醬，是韓國醬料之一，顏色呈深紅色。

大頭菜拌韭菜泡菜

材料（方便製作的份量）

大頭菜3顆、鹽1小匙、韭菜泡菜2～3大匙、白芝麻少許

作法

①將連皮切成丁狀的大頭菜，以及大略切過的葉片放入調理盆中，搓鹽後輕輕放上醬菜石，靜置約一小時。待大頭菜變軟後，再用濾布包起來用力擰乾，再加入韭菜泡菜和芝麻拌勻即可。

＊若加入去除薄皮的辣味明太子並滴進數滴麻油，就可以變成一道下酒好菜。

美乃滋

天氣變暖後，品嚐三明治及生菜的機會也隨之增加，因此我會開始動手製作美乃滋。我家比較喜歡的味道，是只用新鮮蛋黃做出的偏濃口味。

成功做出美乃滋的祕訣，在於使用回復至常溫的雞蛋，以及加入沙拉油的時機。當混合了蛋黃和調味料，再加入一小匙沙拉油充分拌勻後，接著一匙一匙地加油使其乳化，就不會失敗哦。

採用自己喜歡的材料製成的美乃滋，不僅美味又令人安心，不妨試做看看。

材料（方便製作的份量）

沙拉油100～120cc、白胡椒少許

〈A〉蛋黃（回復至常溫）1顆、鹽1/4小匙、米醋2小匙、芥末1小匙

作法

①將〈A〉放進乾燥清潔的調理盆中，並用打蛋器充分拌勻。

②使用小匙慢慢地加入沙拉油，同時以打蛋器攪拌。待開始乳化後，一邊小滴滴入沙拉油、一邊充分拌勻。接著加入白胡椒，若酸味不夠則再加醋（另外準備）來調味。裝進乾淨的瓶罐中、放進冰箱冷藏，約可保存兩個星期。

＊因為美乃滋直接採用生雞蛋做成，並未經過加熱程序，所以必須使用新鮮雞蛋。另外，沙拉油則採用沒有油耗味的米糠油或葡萄籽油，而醋則是使用味道較濃郁的米醋。

洋風酥炸蝦仁蔬菜

材料（2 人份）

去殼蝦仁5尾、蘆筍2支、小番茄2顆、抱子甘藍及小洋蔥各2顆、鹽及胡椒各少許、低筋麵粉適量、炸油適量、檸檬1片
〈A〉美乃滋3大匙、水2大匙、低筋麵粉3大匙

作法

①一邊在去殼蝦仁上撒上鹽、胡椒，一邊將蘆筍、抱子甘藍、小洋蔥切半。
②將〈A〉拌勻後，再加入少許的鹽、胡椒，讓麵衣入味備用。
③將低筋麵粉拍裹於去殼蝦仁及蔬菜上，沾附②後以170度熱油酥炸，佐上檸檬即可食用。

簡單馬鈴薯沙拉

材料（方便製作的份量）

馬鈴薯2顆、小黃瓜1條、紫色洋蔥1/6顆、鹽適量、胡椒及醋各少許
〈A〉鹽1/4小匙、醋1小匙、美乃滋2大匙
〈B〉美乃滋2大匙

作法

①將小黃瓜和紫色洋蔥切成3mm厚的薄片，抹上1小匙鹽後，靜置約十五分鐘。待出汁後快速沖水，再用濾布包住充分擰乾水分。
②馬鈴薯帶皮水煮，直到能夠以串籤刺穿時，再將馬鈴薯撈起、去皮後放入調理盆中。趁熱以餐叉大略搗碎，然後加入〈A〉拌勻，放涼備用。
③將①和〈B〉加入已經冷卻的②之中，再以鹽、胡椒、醋調味即可。

香濃布丁

一說到我家的私藏布丁，就是這一種香濃的布丁。因爲布丁的口感濃郁綿密，所以有了如此特別的名字。不僅味道濃厚，入口後滋潤香醇的美味正是其特色所在。

由於布丁的焦糖焦得恰到好處，略帶清淡苦味，均勻地中和蛋黃、鮮奶油的濃郁風味融合在一起，因此蛋黃和蛋白的比例成了決定布丁美味與否的關鍵。即使稍嫌程序麻煩，還是必須確實計算雞蛋的份量，用剩的蛋白拿來製作杏仁蛋糕（第一六四頁）或杏仁蛋白霜餅乾（第一六六頁）也很讚唷！

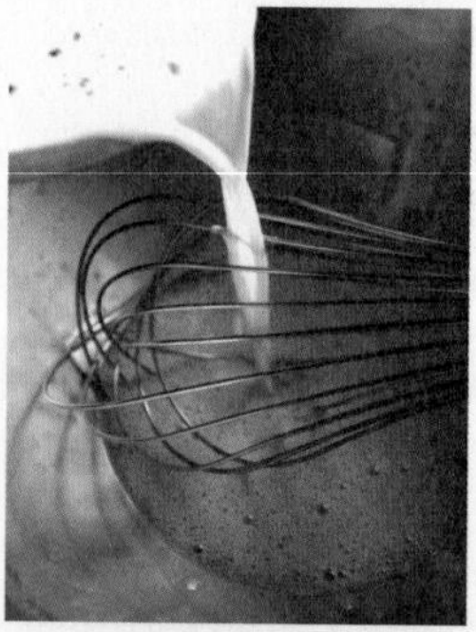

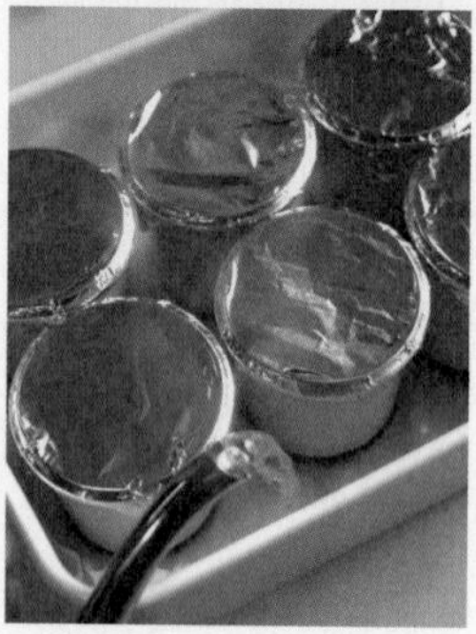

材料（6個110cc瓶罐的份量）

1顆全蛋和3顆蛋黃中加入些許蛋白總計120g、香草豆莢1/2根、砂糖5大匙、水3大匙
〈A〉鮮奶油及牛奶各1杯、砂糖65g

作法

①鍋內放入砂糖和水1大匙後開火烹煮，當砂糖呈焦狀時搖晃鍋子，待稍微起煙後，倒入剩餘的水攪拌，平均分裝至各個瓶罐中。
②將雞蛋倒入調理盆中，以打蛋器打成蛋汁。
③剝開香草豆莢，刮除內含種子後放入鍋內，然後倒入〈A〉加熱至即將煮沸，接著一邊攪拌②的蛋汁，一邊將③倒入。
④用篩子過濾後，平均倒入①的瓶罐中、用鋁箔紙封口。
⑤將瓶罐放進深型耐熱容器中，並倒入沸水約及瓶罐一半高度，最後以140度烤箱蒸烤三十至四十分鐘即可。

紅蘿蔔沙拉

臺灣盛產季：12～4月

每到春天，就會在市面上出現甘甜嫩口的紅蘿蔔。雖然可直接切成棒狀品嚐，但是如果做成法國基本家常菜的紅蘿蔔沙拉並裝瓶備用，各位認爲如何呢？將紅蘿蔔裝進可愛的瓶罐中，然後直接從冰箱取出上桌，正是我家一貫的作法。

雖然這道食譜作法相當簡單，但不妨依當天的心情，加一些孜然粉增添異國風味，或是放入柳橙、蘋果、葡萄乾做成果香口味等，盡情享受各種變化菜色的樂趣吧！

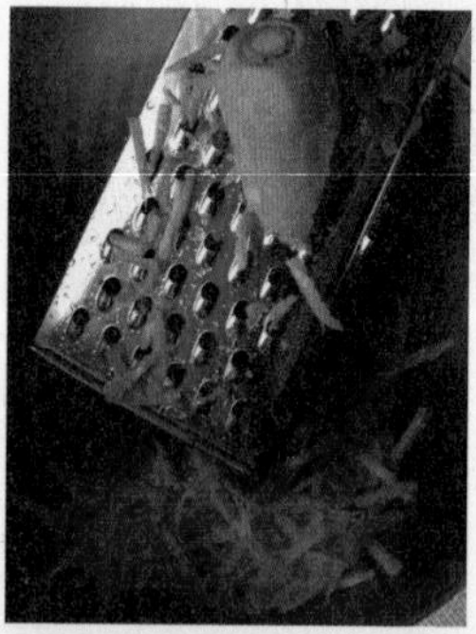

材料（方便製作的份量）

紅蘿蔔2根、洋蔥1/8顆、鹽1/2小匙、巴西里（切末）少許

〈A〉橄欖油2大匙、檸檬汁1大匙、白胡椒少許、蒜泥少許

作法

①用乾酪刨絲器的大孔部分將紅蘿蔔刨絲或切成細絲。另外，洋蔥切成薄片後，和紅蘿蔔一起放入調理盆中，搓鹽使其變軟。

②將〈A〉加入調理盆中拌勻，食用前可依個人喜好撒上巴西里。裝進乾淨的瓶罐中並放入冰箱冷藏，約可保存一個星期。

番茄新洋蔥千層沙拉

臺灣盛產季：11～5月盛產番茄；3～6月盛產洋蔥

每當新洋蔥大量出現於市面上，我便很想動手做做的就是這道沙拉。切成圓片的番茄和新洋蔥，以及爲了添加風味而放入的羅勒所呈現的鮮豔色彩，光是用看的就令人心情雀躍。而最令人開心的，就是淋醬十分入味且口感清脆的新洋蔥帶來的個中美味！正因爲是較不辛辣的新洋蔥，所以切成這樣的厚度也能生吃無虞。若實在無法購得新洋蔥，不妨將洋蔥切成較薄的圓片，泡過水之後再用也行。

這是帶去參加家庭派對或野餐時，都將大受歡迎的一道人氣沙拉。

材料（方便製作的份量）

番茄（較硬的）2顆、新洋蔥2顆、羅勒2～3根、蒜泥少許、鹽不到1小匙、胡椒少許、檸檬汁1又1/2大匙、橄欖油80cc

作法

①將鹽、胡椒、蒜泥、檸檬汁放入調理盆中，一邊以打蛋器攪拌，一邊一點一點地倒入橄欖油製作成淋醬。

②番茄與新洋蔥切成1cm厚的圓片。

③在乾淨的瓶罐中，依序疊放羅勒、洋蔥、淋醬1小匙、番茄，並重複此步驟數次。最後，將剩餘的淋醬由瓶口倒入，放進冰箱靜置約六小時。期間將瓶罐倒放，讓淋醬充分入味，並繼續冷藏於冰箱，約可保存四到五天。

＊將早春生長的新洋蔥切成圓片狀，鋪放於篩子上約靜置三十分鐘，將可降低辛辣味。

蜂蜜漬西洋芹紅蘿蔔

臺灣盛產季：10～4月

以前做咖哩時，很想搭配一種能取代甜醋漬蕗蕎的西式醃菜，試做的結果就是這種罐裝食品。西洋芹清脆與紅蘿蔔略需嚼勁的口感，其實和咖哩十分對味，不知不覺中已成爲我家的基本西式醃菜。

有時，我只放西洋芹而不加紅蘿蔔；有時則以白蘿蔔取代西洋芹醃漬，盡情享受著變化菜色的樂趣。此外，我十分推薦加入稍微炒過的孜然籽（小茴香籽）。至於蜂蜜，若選擇較無蜜腥味的金合歡蜂蜜來製作，口味將變得十分清爽。

材料（方便製作的份量）

西洋芹（莖部）1根、紅蘿蔔1/2根
〈A〉米醋4大匙、水3大匙、蜂蜜1又1/2大匙、鹽1/3小匙、紅辣椒（切圓片）少許

作法

①西洋芹除去表皮纖維，切成1cm小丁；紅蘿蔔切成等同西洋芹的大小。
②將西洋芹裝進乾淨的瓶罐中。
③將〈A〉放入鍋內煮沸，讓鹽溶解。接著，放進紅蘿蔔再次煮沸後，趁熱倒入②當中。待降溫後，蓋上瓶蓋，放進冰箱保存，大約醃漬一晚即可食用，在冰箱冷藏約可保存一個月。

醃山葵

臺灣盛產季：全年盛產

我自幼就非常愛吃醃山葵，一直想著有機會一定要自己動手試做。沒想到某一天，我到伊豆旅行時發現了新鮮的山葵，而且比起我在東京看到的山葵更大又超值，於是立刻買了三根回家醃製。

由於我放的酒糟和砂糖比市售品來得少量，且山葵採用的部位根部多於莖部，如此不計成本的作法似乎發揮了功效，做出極爲爽口的風味，沒一會兒就被一掃而空。此外，用烤海苔片包捲起來當成下酒菜，或是佐雞蛋蓋飯、牛排來享用，也十分美味。

材料（方便製作的份量）

山葵（帶莖）100g
〈A〉鹽1/2小匙、砂糖少許
〈B〉酒糟（剁碎）60g、日本酒2大匙、味醂1大匙、鹽1/2小匙、砂糖1小匙

作法

①山葵莖部切成3mm小粒；根部先切成1mm薄片再切成絲。
②將①與〈A〉放進不易破的塑膠袋中，擠出空氣並搓揉袋子，放進冰箱靜置一晚。
③以研磨缽研磨〈B〉直到變成泥狀。
④用濾布將②包起來用力擰乾水分，再迅速與③拌勻後加鹽。如果希望口味較甜，可以加入砂糖調味。將食材裝進較小的瓶罐中，同時以保鮮膜覆蓋表面，盡可能避免接觸到空氣。靜置冰箱兩到三天，待入味後即可食用，須於十天之內吃完。

＊也可用保鮮膜包起來冷凍保存。

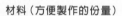

column 1

研磨缽的分類使用

俗話說「大的可當作小的來兼用」，但我認為此話無法套用於烹調的器具上。舉例而言，研磨少量芝麻的時候，如果採用了較大的研磨缽，芝麻幾乎都會卡在研磨缽的溝槽中，變得沒辦法使用。因此，我通常會準備三個研磨缽分類運用。

首先介紹的是備前燒（日本岡山縣備前市所產陶瓷器）當中，尺寸最小的圓柱型研磨缽。這個缽子口徑不到六公分，缽內無溝槽，常被當作香料研磨器來販售。我經常在料理或糕點中添加香料時用到。不僅口徑小，還能不斷施力於研磨棒上，即使是圓形的香料也不會四處飛濺或沾黏，十分適於用來研磨少量香料或芝麻等。

其次，約屬中型大小的附嘴研磨缽，口徑約為十六公分。這一種小尺寸的器皿，通常用來製作兩人份的芝麻涼拌菜或味噌芝麻豆腐涼拌菜。只要涼拌醬的質地變得滑潤後，便可加入配料於研磨缽中拌勻，再以橡皮刮刀將研磨缽四周刮乾淨即可上桌。兩三下便能做出一道涼拌料理，真是不錯！

至於口徑為二十公分的大研磨缽，則可在夏天製作芝麻涼麵時派上用場。對於兩人份的涼拌麵來說，要在這個研磨缽中研磨芝麻、製作醬汁，然後加入配料和麵條來拌勻，算是恰如其分的大小，而且餐後也只要洗一個碗即可，真是幫了我好大的忙。此外，當研磨芥末籽（第四十六頁）時，我也必定使用這個研磨缽，由於缽底面寬穩定性佳，就算沒人幫我壓住研磨缽，我也能自己研磨搞定。

依不同尺寸而各有用途，且能當作碗來使用的這三個研磨缽，可說是輔助我大展廚藝的重要器具。

印度綜合香料醬

這種印度綜合香料醬是我以前在某個工作上邂逅的咖哩醬。由於十分美味且方便好用，所以便也仿製成罐裝食品。因爲細細慢炒的蔬菜透出鮮味，以及香氣濃郁的香料全裝進瓶罐之中，所以無須煩惱搭配香料，同樣能做出美味的印度咖哩。

想當然耳，除了咖哩以外，還能做各種用途。諸如當作肉類的醃料，或是加入炒飯、義大利麵、燉煮料理中，都十分方便。與其直接保存香料備用，還不如做成醬料更方便好用，請務必試做。

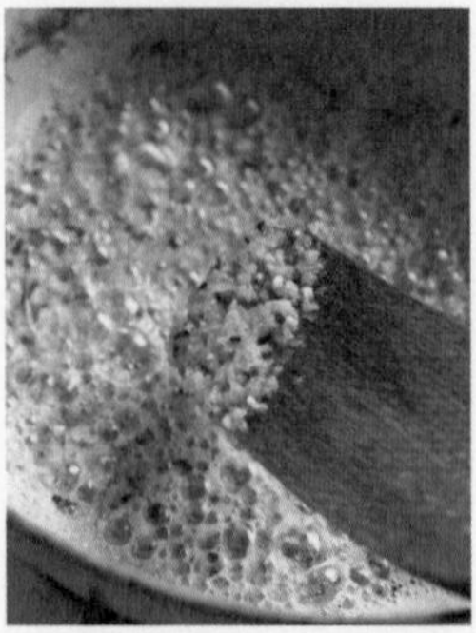

材料（方便製作的份量）

洋蔥1/2顆、大蒜3瓣、嫩薑2塊、鹽2小匙

〈A〉沙拉油1/2杯、肉桂約拇指般大小2個、月桂葉2片、豆蔻8粒、丁香10粒、茴芹1小匙

〈B〉孜然粉4大匙、香菜粉3大匙、辣椒粉2小匙、薑黃粉1又1/2大匙、蜂蜜1大匙、黑胡椒1/4小匙、番茄醬3大匙

作法

①洋蔥、大蒜、嫩薑切末。

②將〈A〉放入厚實的鍋子中以小火烹煮，待香料呈焦黃色後，撈除茴芹以外的香料。

③加入①及鹽，以小火拌炒十五到二十分鐘，勿炒焦。

④待食材略為上色後，加入〈B〉拌炒一到兩分鐘。降溫後裝進乾淨的瓶罐中，並放入冰箱冷藏，約可保存兩個月。

水煮蛋馬鈴薯咖哩

材料（4 人份）

洋蔥1/2顆、番茄300g、水500cc、水煮蛋4顆、馬鈴薯2顆、沙拉油2大匙、鹽適量、印度綜合香料醬4大匙、無鹽奶油20g、香菜末適量、白飯適量

作法

①洋蔥切薄片，番茄去皮後大略切塊。
②馬鈴薯帶皮水煮，待能以串籤刺穿時，再去皮切半備用。將沙拉油、洋蔥、鹽1撮放入鍋內以中火拌炒，當洋蔥呈焦黃色則加入番茄。
③充分拌炒番茄，讓水分與酸味散出，待呈黏稠狀後加入印度綜合香料醬，轉小火炒至有香味溢出。
④逐量加水降低濃稠度，然後放入馬鈴薯和水煮蛋。以小火熬煮約十分鐘後，加入奶油，最後再加鹽調味。連同白飯一起盛盤，然後撒上香菜末即可。

印度咖哩棒棒捲

材料（方便製作的份量）

馬鈴薯2顆、四季豆5根、醬油肉燥（參考P.56）3大匙、印度綜合香料醬1大匙、鹽少許、春捲皮5片、麵粉水（低筋麵粉2大匙＋水1大匙多）、炸油適量、番茄醬（依個人喜好）

作法

①馬鈴薯帶皮水煮，待能以串籤刺穿時去皮待用。四季豆以鹽水氽燙一下後切成小段。
②將馬鈴薯放進調理盆中以餐叉搗碎，然後加入醬油肉燥、印度綜合香料醬、四季豆拌勻，並以少許鹽調味。
③春捲皮對半切開，將②均分為10等份，以長條狀鋪於春捲皮上。皮的邊緣塗抹麵粉水，先將左右兩端包起來再向前捲去。放進加熱至170度的炸油中，炸至顏色焦黃適中為止，再依個人喜好沾番茄醬品嚐。

義式醃菜

由於我很喜歡水煮蛋的西式醃菜，所以經常製作。但若要招待客人享用，或是做成罐裝保存食讓客人帶走，我推薦這種採用鵪鶉蛋製成的西式醃菜。如果把三種西式醃菜以串籤串起來做成點心串，不僅外觀可愛，也會因方便食用而大獲好評。

通常我醃製西式醃菜時，多半先將食材裝罐，然後再倒入溫熱的醃汁醃漬。但是，為了不讓熱度燙破小番茄的外皮，本道食譜特別使用冷卻後的醃汁。此外，加入些微的咖哩粉也十分美味呢！

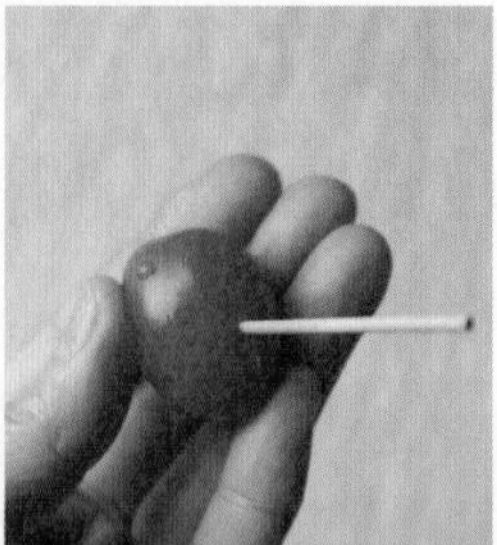

材料（方便製作的份量）

小番茄12顆、鵪鶉蛋12顆、小黃瓜1又1/2條、羅勒葉3～4片

〈A〉水250cc、醋1杯、砂糖2大匙、鹽1又1/2小匙、紅辣椒（去籽）1/2～1根、黑胡椒粒1/2小匙、大蒜（拍碎）1瓣

作法

①將〈A〉放入鍋內煮沸後放涼。

②小番茄拔除蒂頭並洗淨，擦乾水分後，以牙籤刺出數個洞孔。鵪鶉蛋水煮後去殼。小黃瓜均分成12等份，泡入沸水燙約十秒。

③將羅勒與②裝進乾淨的瓶罐中，然後倒入①。

④雖然醃漬一晚就能食用，但是大約兩天後食用最為美味，放進冰箱冷藏約可保存一個星期。

芥末籽醬

臺灣盛產季：全年皆有

我會開始做芥末籽醬，主要是爲了消耗某次因下錯訂單而誤買的大量芥末籽。後來，參考了我愛用的某款芥末籽醬原料後，赫然發現竟然簡單到只有芥末籽、蘋果醋及海鹽而已。

我的作法是用醋醃漬芥末籽，然後加鹽磨碎即可。如此完成的芥末籽醬不僅外觀和味道皆不遜於市售品，更棒的是可依照自己的喜好調整研磨程度。順帶一提，比起黃色芥末籽，褐色芥末籽的苦澀味更爲強烈，因此可依據個人喜好調整用量比例。

材料（方便製作的份量）

蘋果醋100cc、褐色芥末籽1大匙、黃色芥末籽3大匙、鹽1/2小匙多

作法

①於乾淨的瓶罐中放進鹽以外的材料拌勻，在常溫中靜置三天。

②把①放進研磨缽中加鹽，依個人喜好調整研磨程度。

③裝進乾淨的瓶罐後於常溫中放置大約三天，然後靜置冰箱中約兩個星期即可食用，放入冰箱冷藏約可保存半年。

＊雖然做好約十天即可食用，但是靜置後會變得更加入味可口。這也是為什麼我會建議多做一點，然後在冰箱靜置約三個月再來品嚐。

芥末麵包粉烤旗魚

材料（2人份）

旗魚4片、胡椒少許、芥末籽醬2小匙、橄欖油少許、沙拉（依個人喜好選用蔬菜）適量
〈A〉鹽2撮、白葡萄酒2小匙
〈B〉麵包粉3大匙、橄欖油1大匙、巴西里（切末）少許、迷迭香或百里香等新鮮香草（切末）少許

作法

①將〈A〉搓抹於旗魚上，靜置約十分鐘。烤箱預熱200度。
②以紙巾按壓旗魚吸乾水分，抹上少許橄欖油後撒上胡椒，放在鋪了烘焙紙的烤盤上，再將芥末籽醬全面塗於旗魚表面。
③拌勻〈B〉、再完全覆蓋旗魚上的芥末籽醬後，放進烤箱烤至麵包粉呈焦黃色。取出盛盤並依個人喜好佐上沙拉即可。

炸雞柳佐蜂蜜芥末醬

材料(2人份)

雞胸肉3塊、檸檬1片、炸油適量
〈A〉鹽1/4小匙、牛奶1大匙、蒜泥少許
〈B〉麵粉3大匙、甜椒粉1/2小匙、黑胡椒2撮
〈C〉芥末籽醬2大匙、蜂蜜2小匙、美乃滋1小匙、檸檬汁1/2小匙

作法

①雞胸肉去筋，縱切為細長的3等份。把〈A〉搓抹於雞肉上靜置約十分鐘。
②將〈B〉放入塑膠袋，並把①的雞胸肉連同汁液一起放進去。封住袋口搖晃塑膠袋，待粉料完全沾裹雞肉後，再以手緊握讓麵衣確實附著於雞胸肉上。
③炸油加熱至180度，將②炸到焦黃適中，然後佐上拌勻的〈C〉及檸檬即可。

牛肉嫩薑佃煮

每當我發現看似十分美味的牛碎肉時，總想動手製作的就是這種嫩薑佃煮罐裝常備菜，甜辣的醬油味極爲下飯。這也是我家「御萬歲」中頗受歡迎的罐裝食品，就算做了滿滿一罐，沒過多久便被一掃而空。除了嫩薑以外，還可改放山椒籽、牛蒡或蓮藕，感覺份量變得更多，也很不錯。

如果想要做出變化菜色也不成問題。可在牛肉嫩薑佃煮中加入水煮搗碎的芋頭和青蔥一起拌勻，然後沾裹麵衣做成可樂餅，或是和韓式涼拌菜一起放在白飯上，做成美味的韓式拌飯。

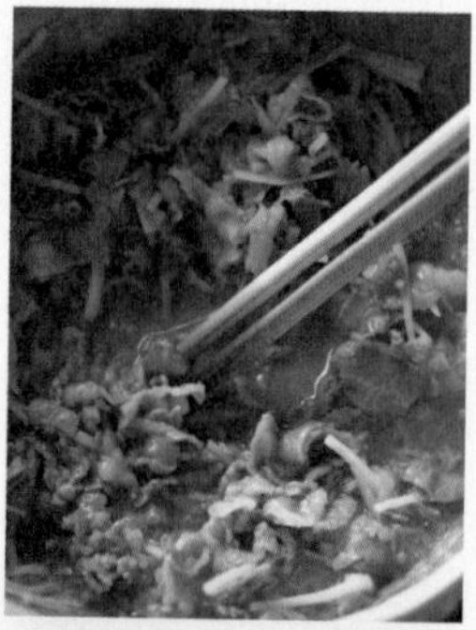

材料（方便製作的份量）

牛碎肉150g、嫩薑2塊、砂糖1～2大匙、日本酒4大匙、醬油2大匙

作法

①牛肉切為1cm寬的大小，嫩薑切絲。
②將砂糖與日本酒放入鍋內開火烹煮，讓砂糖溶解。
③放進嫩薑和牛肉，一邊攪拌、一邊熬煮。
④牛肉煮熟後，加入醬油，再以偏強的中火拌炒收汁。待剩下少許湯汁時再關火，降溫後裝進乾淨的瓶罐中並放入冰箱冷藏，大約可以保存兩個星期。

鹽漬蕗蕎

臺灣盛產季：3～5月

雖然兒時的我非常愛吃甜醋漬蕗蕎，但最近口味似乎有所改變，轉而喜歡鹽漬蕗蕎。由於鹽漬蕗蕎只用鹽來醃漬讓乳酸發酵，極富鮮味，利於做出變化菜色。

比方說，可拌入魚乾片做成下酒菜，而且和柴魚生魚片的沾醬也頗爲對味。此外，搭配豬肉一同品嚐也很美味。我十分推薦將鹽漬蕗蕎和青紫蘇一起包進豬肉薄片，然後油炸。若感覺味道偏鹹，可泡水除去一些鹽分。由於以鹽醃漬後，還可用甜醋或醬油醃漬，因此不妨多醃製一些備用吧！

材料（方便製作的份量）

生蕗蕎（去泥）300g
〈A〉粗鹽2大匙、水2杯

作法

①將蕗蕎放進調理盆中以活水搓揉沖洗、清除泥土後，剝去薄皮並切除根底毛鬚及稍微長段的莖部。
②將擦乾的蕗蕎放進煮沸消毒過的瓶罐中。
③將〈A〉放入鍋內開火烹煮，讓鹽溶解。
④將③倒入②之中，放涼後輕輕蓋上瓶蓋，靜置於無陽光照射的陰涼處約十天到兩個星期。如果開始發泡即表示正在發酵，偶而掀開瓶蓋讓空氣溢出。
⑤再調製一次〈A〉，開火烹煮讓鹽溶解。放涼後，將蕗蕎重新醃漬其中並放進冰箱冷藏，約可保存一年。若湯汁變得混濁且有酸臭味，可能已受細菌汙染，請立即丟棄。

column 2

利用瓶罐的香草保存法

瓶罐向來是將敏感纖弱的蔬菜保存於冰箱的最佳利器。尤其香草類既乾燥又脆弱，如果買回家後直接放進冰箱會立刻萎爛。因此，為了能延長嚐鮮的天數，每當我買了香草回家，一定會先進行某種前置作業。

首先，如同切花一般，可以先為香草去除水分。將香草的莖部泡水，在水中斜向剪斷莖部前端後，繼續泡水。一段時間後將會變脆，此時可用浸溼的紙巾包住莖部前端，然後直插瓶罐中再封蓋即可。

接著，只要放在冰箱門的收納架中，便可長久保存。此外，青紫蘇也必定先進行上述的前製處理後，才放進冰箱保存。

夏天時，香草等蔬菜很容易因熱腐壞，絕不可省略這道手續。如此處理可讓蔬菜食材比剛買回來時還要爽脆。

罐裝食品的好搭檔
基本五品項

我家不斷反覆製作的，
就是有助於變化菜色的這五項。
只要做了這些，便可與罐裝食品相互搭配，
讓下廚做菜變得更加快速、簡單。

01 等比例醬

以等比例混合醬油、味醂、日本酒，可應用於煮、烤、炒的萬用醬汁。

此外，也可拿來為糖炒牛蒡調味，或加一點砂糖做成照燒醬使用。

材料（方便製作的份量）

醬油、味醂、日本酒各1/2杯

作法

①混合醬油、味醂、日本酒，裝進乾淨的瓶罐中常溫存放，約可保存兩個月。

02 醬油肉燥

這是只用醬油和日本酒拌炒豬絞肉的肉燥。由於調味十分簡單，易於搭配中西日式料理做菜色變化，而且因爲充分拌炒、水分完全收乾，有利長久保存。

材料（方便製作的份量）

豬絞肉300g、沙拉油1大匙、日本酒1大匙、醬油2大匙

作法

①將沙拉油倒入以大火加熱過的平底鍋中，一邊搗開絞肉、一邊翻炒。待絞肉變色後，淋上日本酒及醬油，轉中火慢炒直到水分收乾。當絞肉完全收汁，滲出清澈的油汁後即可（水分收乾後，滴出的油汁將發出劈啪巨響）。

②待放涼油汁凝固後，先攪拌過再裝進乾淨的瓶罐中，放入冰箱冷藏約可保存十天。

03 水煮鷹嘴豆

這道是煨煮蔬菜鎖住鮮味的水煮鷹嘴豆。可用於沙拉或熬煮食材，十分方便好用，因此建議可多做一些，裝瓶後進行脫氧保存或是放進塑膠袋中冷凍存放。

材料（方便製作的份量）

鷹嘴豆（乾燥）500g、洋蔥1顆、西洋芹1根、水適量、鹽1～2小匙

作法

①清洗鷹嘴豆後，浸泡於三倍量的清水中，經過一晚讓其泡發（夏季因氣溫較高，必須放置冰箱泡發）。洋蔥去皮切半，西洋芹切成可放進鍋內的長度。

②將泡發的鷹嘴豆放入鍋內，並加入洋蔥、西洋芹及豆量兩倍的水，以中火烹煮。加進鹽1小匙，轉小火讓湯汁呈略滾狀態，慢慢燉煮。

③燉煮時，若湯汁減少則再加水，避免鷹嘴豆溢出，一直燉煮到以手指一捏就碎的程度，最後加入適量的鹽，調整湯汁的味道即可。

04 燙雞肉

由於縮短了水煮時間，僅藉餘熱煮熟雞肉，因此口感滋潤又多汁。

為了有助於變化菜色，可以在熬煮、涼拌時加入蔥提味。另外，汆燙過的雞肉裹上麵衣後也能油炸食用。煮雞的湯汁，則可當成雞肉高湯使用。

材料（方便製作的份量）

雞肉（可用雞腿肉或雞胸肉）2塊、長蔥綠色部分1根的份量、鹽（雞肉重量的3%）、日本酒1大匙、水1L

作法

①將鹽與日本酒搓抹於雞肉上，再與長蔥一起放入塑膠袋中，於常溫下靜置兩小時。
②鍋內放入水、雞肉、長蔥，以大火烹煮。煮沸後撈除雜質，再轉小火烹煮三分鐘，然後蓋上鍋蓋並關火。
③放涼後，過濾湯汁，將雞肉與剛好蓋過雞肉的湯汁放進保存容器中存放冰箱，一併將剩餘的湯汁放進冰箱冷藏，約可保存四到五天。

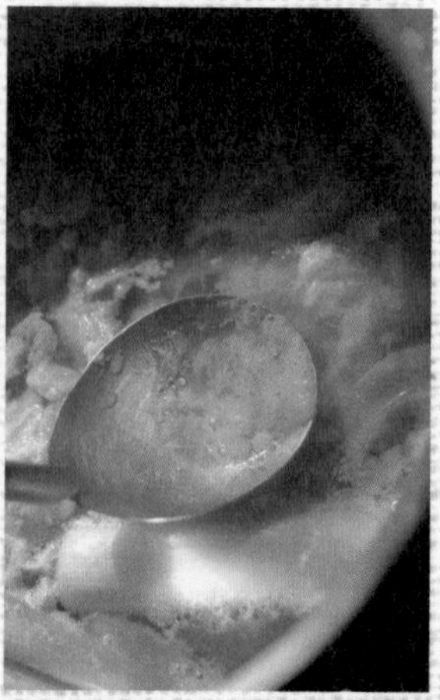

05 鹹豬肉

作法是將鹽及日本酒均勻搓抹於豬肉塊上後，靜置於冰箱中即可。

豬肉多餘的水分將會滲出，變得更加鮮甜，冷藏於冰箱中約可保存十天。鹹豬肉可取代培根，也能用於炒菜或熬煮等任何烹調之中。

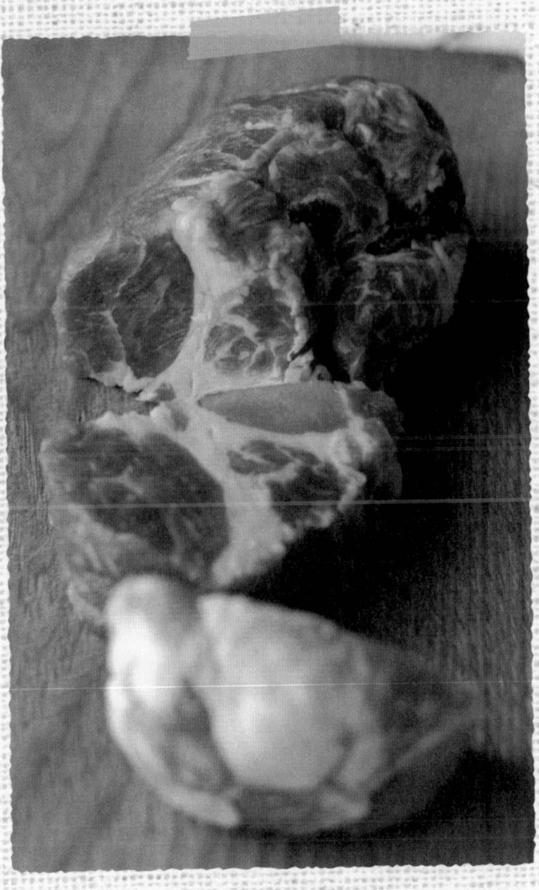

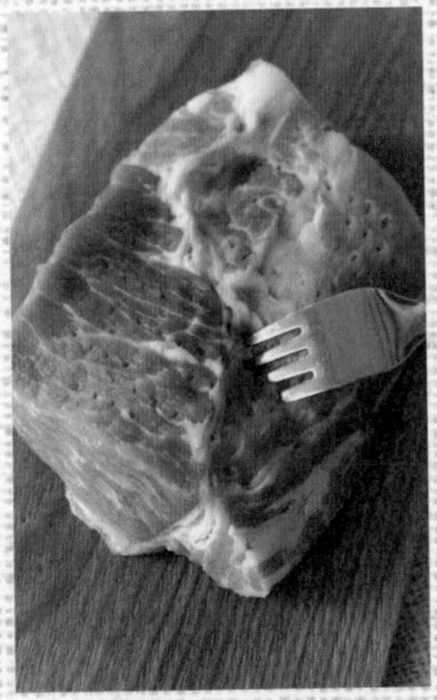

材料（方便製作的份量）

豬肩肉500g、鹽（豬肉重量的2%）10g、日本酒1大匙

作法

①餐叉穿刺整塊豬肉，讓味道更容易滲入。
②將鹽及日本酒搓抹於豬肉上，再以紙巾包裹，然後用保鮮膜完全包覆並放入冰箱冷藏，隔天就能食用。紙巾需兩天更換一次（如果讓鹽量為豬肉重量的5%，則約可保存一個月）。

column 3

不占空間的蔬果乾燥法

製作乾燥蔬果時，通常是將蔬果切成小塊，再鋪於平坦的篩子上予以乾燥。如果切得較大塊，則建議吊掛起來乾燥。以第一三八頁「蘋果乾」為例說明，首先，將蘋果插進鐵串中，蘋果間距保持大約一公分以利通風。接著，準備長度約兩公尺的繩子，如照片所示，將鐵串插入繩子兩端。

如果就此吊掛，當受風吹拂搖盪時，恐怕鐵串會由繩子脫落。因此，須以晒衣夾牢牢固定鐵串兩側。然後，在繩子頂端打結，再以S型掛勾吊掛於晒衣竿上即可。此法不同於篩子，不僅不占空間，而且食材整體都能受風吹拂，很快就能變乾。順帶一提，我用的鐵串長度為三十五公分，由於較長的鐵串能風乾大量蔬果，因此最好採用三十公分以上的鐵串為佳，請務必嘗試看看。

第 2 章

夏天的罐裝常備菜

炎炎夏日想吃得清爽一些

李子醬

臺灣盛產季：4～5月

某一天，我打算做糖煮李子，於是用鍋子煮了起來，結果在我忙著做其他事情時，李子被煮爛變成糊狀……。雖然大吃一驚，但還是試舔了一口，沒想到竟無比美味。於是，我試著將其過篩，結果你猜怎麼了？做出的味道正可用「失敗乃成功之母」這句話來形容。此後，將李子做成醬料，便成爲我家的基本原則。

由於李子醬也能運用於料理上，不只變化成飲料或點心而已，因此在夏天的餐桌上十分活躍。

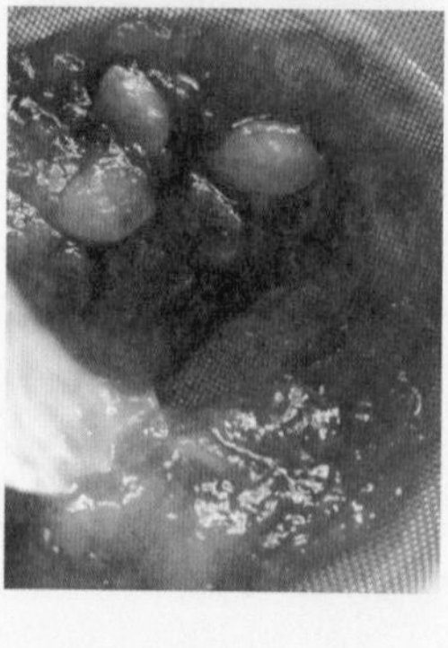

材料（方便製作的份量）

李子600g、砂糖250g、檸檬汁1大匙

作法

①李子清洗後瀝乾水分，運用切酪梨的要領，沿著李子核的圓弧下刀，然後以雙手對半扭開。
②將①的李子、砂糖、檸檬汁放入鍋內，靜置約三十分鐘。
③開火烹煮②，待煮沸後轉小火並撈除雜質，繼續熬煮約十分鐘直到果肉煮爛便可關火。試吃味道，若酸味不足則加入檸檬汁（另外準備）。
④將③倒入放在調理盆中的篩子裡，以刮棒過篩。待降溫後，裝進乾淨的瓶罐中並放入冰箱冷藏，約可保存兩個月。

李子優格

材料（2 人份）

原味優格300g、李子醬適量

作法

①將紗布或紙巾鋪在調理盆中的篩子上，然後放上優格，靜置冰箱中一晚。
②將瀝乾水分的優格盛在碗裡，淋上李子醬即可食用。

李子醬炒雞肉

材料（2 人份）

雞胸肉（去皮）1塊、青椒2顆、洋蔥1/4顆、玉米筍4根、太白粉適量、麻油1大匙
〈A〉鹽1撮、日本酒1小匙
〈B〉李子醬3大匙、醬油1大匙多、日本酒2大匙、水1大匙

作法

①將雞胸肉斜切成一口大小的薄片，以〈A〉搓抹後，裹上太白粉備用。將青椒、洋蔥切為一口大小備用，玉米筍切半。
②在平底鍋中燒滾大量的開水，加進沙拉油2小匙與鹽1小匙（兩者皆為另外準備），再放入青椒、洋蔥、玉米筍汆燙約三十秒後撈起，放在篩子裡。
③將麻油倒入以中火加熱過的平底鍋中，拌炒雞胸肉。
④當雞肉表面乾煎至焦脆狀，再加進蔬菜，並倒入拌勻的〈B〉快速拌炒即可。

黑糖漿

只要天氣一轉熱，我就常喝冰歐蕾咖啡。雖然佐餐飲用時不加糖，但若只喝歐蕾咖啡的話，我喜歡加些黑糖漿，喝起來口味甜一點。

針對倒入黑糖漿的方式，我有些講究之處。先將黑糖漿倒入玻璃杯中，接著放進冰塊後再加牛奶，最後才倒入咖啡做出三段層次。一邊用攪拌棒拌勻，一邊看著杯中的色澤漸漸融合爲一，也是享受之一。此外，以黑糖漿取代布丁的焦糖，或是淋在撒滿黃豆粉的小湯圓上，都十分美味，不妨多做一些備用吧！

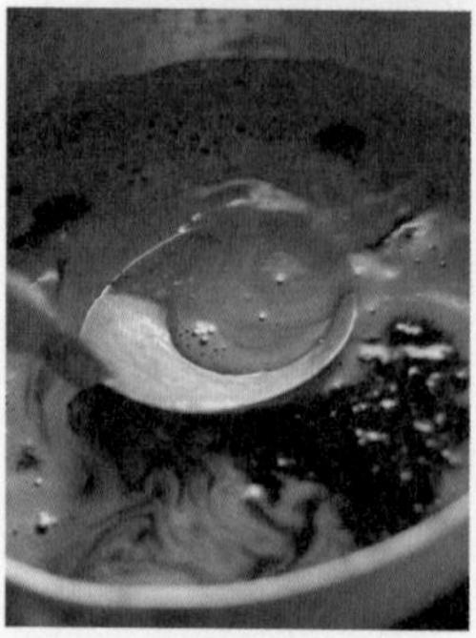

材料（方便製作的份量）

黑糖300g、水1杯

作法

①將黑糖和水放進鍋中開火烹煮，待煮沸並出現雜質後，撈除雜質。當黑糖溶解，則轉小火烹煮約兩分鐘後離火。

②降溫後裝進乾淨的瓶罐中並放入冰箱冷藏，約可保存兩個月。

＊若準備黑糖塊須以菜刀剁碎使用。

油封大蒜

臺灣盛產季：2～4月

生大蒜的氣味十分嗆辣，但是只要經過慢火烹煮後，味道將搖身一變，溫和到令人大吃一驚。每逢大蒜大量出現於市面的季節，我家必定製作滑溜甘甜的油封大蒜。這時，以低溫油慢火烹煮後，大蒜的口味將變得超乎想像的溫潤，直接食用便十分美味。我通常喜歡沾點鹽，用力咀嚼享用。此外，如果用此油封大蒜做成香蒜蛋黃醬，將可做出極爲細膩的風味。

這種香味四溢的用油可運用於各種料理之中，十分方便好用。

材料（大蒜 4 株的份量）

大蒜4株、葡萄籽油適量
〈A〉黑胡椒粒1小匙、月桂葉1片

作法

①剝去大蒜外皮變成數瓣，然後切除根部。
②在厚實的鍋子中放入大蒜及〈A〉，然後倒入葡萄籽油直到剛好蓋過食材。
③以中火烹煮，待油劈啪作響後，轉極小火烹煮約三十分鐘。以串籤刺入大蒜，若已變軟則可離火。放涼後，裝進乾淨的瓶罐中並放進冰箱冷藏，約可保存三個月。

＊為了方便變化菜色，所以採用葡萄籽油，但以橄欖油來製作也十分美味喔！

香蒜麵包粥

材料（2 人份）

油封大蒜4瓣、油封大蒜的油1大匙、鹹豬肉（參考P.59）40g、法式長棍麵包10cm、雞蛋2顆、雞肉高湯（參考P.58）300cc、鹽少許
〈A〉甜椒粉1小匙、番紅花1撮、胡椒少許

作法

①將去皮油封大蒜和油放進鍋內，一邊以鍋鏟搗碎大蒜，一邊開火烹煮。
②加入切成小塊的鹹豬肉拌炒，待豬肉變色，放進〈A〉以小火炒香。
③倒入雞肉高湯，如果味道偏淡，可以用鹽調味。
④將切成一口大小的法式長棍麵包放進耐熱容器中，並倒入湯汁。雞蛋打在容器正中央，然後放進以230度預熱的烤箱中加熱五分鐘即可。

＊以20g的培根或生火腿取代鹹豬肉，亦能美味上桌；高湯也可改用牛肉或蔬菜高湯等。可依循個人的喜好選用材料。

香蒜蛋黃醬

材料（方便製作的份量）

油封大蒜3瓣、鹽1/4小匙、胡椒少許、檸檬汁1～2小匙、蛋黃1顆、辣椒粉少許、喜歡的海鮮和蔬菜
〈A〉油封大蒜的油3大匙、橄欖油4大匙

作法

①油封大蒜去皮放進研磨缽中，加入鹽、胡椒、檸檬汁，一直研磨攪拌至質地滑潤為止。
②加入蛋黃讓①變得更為滑潤，然後逐一小匙地邊倒入〈A〉、邊研磨攪拌。待乳化至具黏稠性，有如美乃滋般的口感後，即可完成。
③食用前，可撒些辣椒粉，然後沾附於海鮮或蔬菜上品嚐。

梅子海苔佃煮

只要有美味的烤海苔片就十分下飯，因此當菜色較少時，就常被放上桌。尤其是，剛開封的爽脆海苔片，簡直太美味了！可惜的是，如此美味的海苔片，過了一段時間後便會受潮，這時候最好的處理方式就是佃煮。雖然只用海苔片簡單製作也不錯，但爲了彌補變淡的海苔香氣，可以加入醃梅。

增添酸味後，將變成熱到食慾不振的炎夏中最適合品嚐的佃煮喔！此外，比起甜醃梅，我更推薦採用帶有古早鹹酸味的醃梅。

材料（方便製作的份量）

全張烤海苔5片

〈A〉水及日本酒各1/2杯、味醂2大匙、砂糖1大匙、醬油4大匙

〈B〉梅肉20g（醃梅2顆的份量）、醃梅中的紅紫蘇（剁碎）10g

作法

①海苔片撕碎放入鍋內。

②將〈A〉放入鍋內快速攪拌後靜置約五分鐘，讓海苔入味。

③以偏弱的中火烹煮，一邊用筷子或木鏟不停攪拌避免燒焦，一邊熬煮至呈溼潤狀。

④待海苔變成糊狀，加入〈B〉繼續熬煮。當醃梅溶入其中即可關火，降溫後裝進乾淨的瓶罐中，並放進冰箱冷藏，約可保存一個月。

＊醃梅採用含鹽18％的醃漬品。此外若沒有紅紫蘇，則增加醃梅用量。

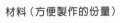

海苔湯

材料（1人份）

梅子海苔佃煮1大匙、昆布絲1撮、熱開水150cc、蔥花少許、醬油少許

作法

①將梅子海苔佃煮與昆布絲放進碗裡，然後倒入熱開水。
②加進蔥花並倒入醬油調味即可。

梅子海苔涼拌生菜

材料（方便製作的份量）

皺葉萵苣1/2顆、小黃瓜1/2條、青紫蘇4片、洋蔥1/6顆、白芝麻1小匙
〈A〉梅子海苔佃煮1又1/2大匙、醋1小匙、醬油1小匙、麻油1小匙、一味辣椒粉少許、鹽1撮

作法

①將皺葉萵苣撕成方便食用的大小。小黃瓜縱向切半後，再斜切成薄片，青紫蘇大略切過，洋蔥切薄片，全部的蔬菜泡水以添鮮翠感。
②將〈A〉放入調理盆內拌勻，再加入瀝乾水分的①。用雙手拌和，然後盛盤撒上芝麻即可。

梅子沙瓦

臺灣盛產季3~5月

每年到了醃漬梅子的時期，我總會同時釀製梅子沙瓦。雖然是從醃梅的梅子中，特別挑出青色的梅子，以米醋和砂糖來醃釀，但用汽水稀釋沖泡的沙瓦，是我家夏天的必備飲料。梅子的檸檬酸和醋，可讓因酷熱而感覺倦怠的身子恢復活力。如果想品嚐清爽的口感，建議加入汽水飲用。若是加牛奶稀釋，將宛如優酪乳一般，迸發出另一種不同的美味。

此外，可將加水稀釋的梅子沙瓦以吉利丁或洋菜凝固做成果凍，或是在炒菜時取代糖、醋，也都十分美味。

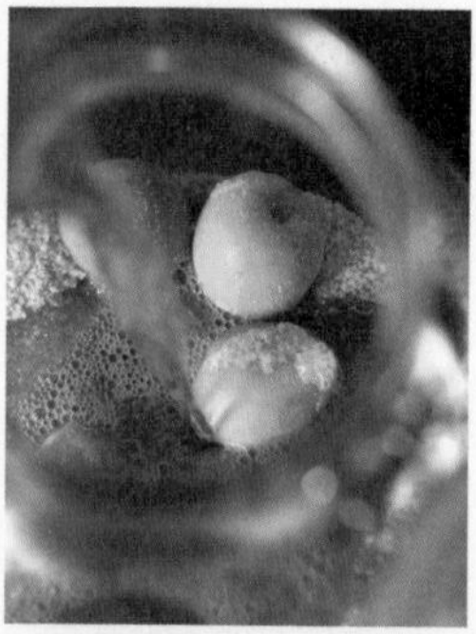

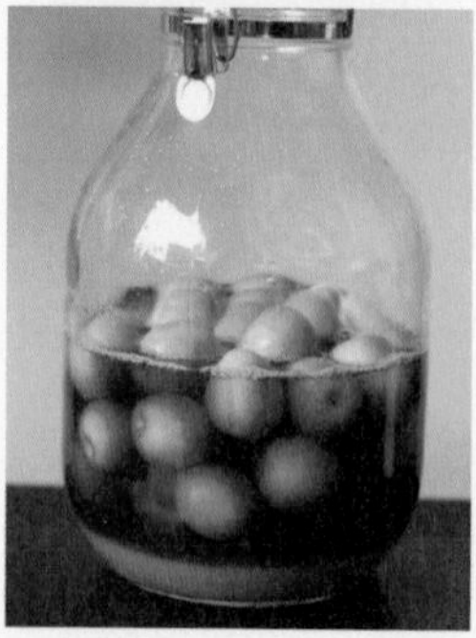

材料（方便製作的份量）

青梅（略帶黃色者）1kg、醋（和梅子相同份量）1L、白糖500g、紅糖500g

作法

①洗淨梅子並擦乾水分，以竹籤取下蒂頭。
②將用來製作水果酒的大瓶罐用酒精消毒後，在罐中放入梅子、白糖、紅糖，再把醋倒進去。
③每天搖晃一次瓶罐，幫助砂糖溶解。待砂糖完全溶解後，約一個月後即可飲用，放置陰暗場所約可保存一年。

＊如果混合了數種砂糖製作，口味將極為濃郁，請使用個人喜好以及方便購買的砂糖。取出醃透的梅子裝進瓶罐中保存，可運用在各種菜色上十分方便（參考P.158、P.160）。

梅子果凍

材料（布丁模 6 個）

梅子沙瓦1杯、水2杯＋50cc、吉利丁粉10g、梅子沙瓦的梅子6顆（如果有的話）

作法

①將吉利丁粉撒入50cc水中泡開。
②將梅子沙瓦與水2杯倒入鍋內，煮沸約一分鐘後，放進梅子沙瓦的梅子，待再次煮沸後關火，大約一分鐘後加入①的吉利丁攪拌溶解。
③將梅子放入布丁模內、倒入果凍液，待降溫後放進冰箱冷藏。
④讓布丁模底部快速地泡一下沸水，然後將果凍由模型中取出即可。

＊進行步驟②時，如果溫度過高，吉利丁將不易凝固，建議稍微冷卻後再加入。
＊若要放進梅子沙瓦的梅子，最好先倒入約2大匙的果凍液，待凝固後才放進梅子，最後再倒入剩餘的果凍液。如此一來，從模型取出果凍時，梅子便不會滾落出來，外型也會更漂亮。

梅子糖醋炒西洋芹鱈魚

材料（2 人份）

太平洋鱈2片、西洋芹（莖部）1根、嫩薑（切絲）1/2塊、太白粉適量、沙拉油3大匙、太白粉水1大匙

〈A〉鹽1撮、紹興酒1小匙、嫩薑汁少許

〈B〉梅子沙瓦2大匙、水2大匙、醬油1又1/2小匙、鹽2撮、紹興酒1小匙、紅辣椒（切圓片）1撮、麻油少許

作法

①太平洋鱈切成一口大小，以〈A〉搓抹後靜置十分鐘。西洋芹斜切為厚1cm大小。

②將沙拉油1大匙倒入平底鍋中，以中火翻炒西洋芹，待西洋芹呈透明感則起鍋裝盤。

③於太平洋鱈上塗抹太白粉，並拍掉多餘的粉。

④將剩餘的沙拉油倒入平底鍋中油煎太平洋鱈，待雙面呈稍微焦黃後便能起鍋裝盤。

⑤倒掉平底鍋中的油，放入〈B〉、西洋芹、嫩薑煮沸，然後一邊攪拌、一邊倒入太白粉水勾芡。將太平洋鱈放回鍋內沾裹芡汁即可。

梅子味噌

雖然醃梅主要採用全熟的梅子，但有時會摻入過熟而無法使用的梅子，梅子味噌就是挑出這樣過熟的梅子所製成。在甘甜濃醇的味噌中，加入充滿果香的梅子酸味，激盪出清爽無比的美味。不僅可抹在生菜上品嚐，也能運用於炒菜上。諸如將豬肉與青椒等味道較重的蔬菜一起拌炒時，只要加入梅子味噌和一點醬油調味，瞬間擴散開來的梅子香味，令人食慾大增。某位曾經分得這種梅子味噌的友人，據說還另外加入美乃滋拌炒，結果她食慾正旺的兒子非常愛吃，大家不妨參考看看！

材料（方便製作的份量）

全熟梅子800g、麴味噌950g、砂糖250g

作法

①混合味噌與砂糖，連同去蒂的梅子一併放入琺瑯鍋中，並用保鮮膜完全密封表面。

②在常溫中靜置兩到三天，待梅子出汁，且味噌變鬆軟後，以中火烹煮。

③煮滾後轉為小火，一邊攪拌避免鍋底燒焦、一邊繼續熬煮。直到梅子的果肉煮爛後，則以下方墊放著調理盆的篩子過篩，剔除籽和外皮。

④將篩出的味噌放回鍋裡以小火烹煮，一直熬煮到膨脹收汁為止。

⑤趁熱裝進乾淨的瓶罐中即可。

＊放進冰箱冷藏約可保存一年。若經脫氧處理，即使於常溫中也能保存一年左右。

梅子味噌烤肋排

材料（2 人份）

豬肋排4支（300g）

〈A〉梅子味噌2大匙、威士忌1大匙、醬油2小匙、蒜泥1/2瓣的份量、嫩薑泥1/2塊的份量、鹽1撮、一味辣椒粉少許

作法

①將〈A〉拌勻，搓抹於回復至常溫的肋排上。在室溫下，靜置三到四小時。

②用手抹除肋排上的味噌，將肋排放置烤盤中的烤網上。接著，放進事先預熱180度的烤箱中。烤至快要變焦時翻面，一直烤到焦黃適中即可（約二十到二十五分鐘）。

＊如果沒有威士忌，也可以白葡萄酒或日本酒替代。

梅子味噌拌小黃瓜蕗蕎

材料（2人份）

小黃瓜1條、鹽漬蕗蕎（參考P.52）8顆
〈A〉梅子味噌2小匙、柴魚片2撮

作法

①將小黃瓜的長度切成4段、再以研磨棒拍搗成方便食用的大小。鹽漬蕗蕎切成小塊。
②於調理盆中放進小黃瓜、鹽漬蕗蕎及〈A〉，以手拌勻即可。

荏胡麻泡菜

雖然我很愛吃熟成後變酸的白菜泡菜，但是把藥念醬（俗稱泡菜醃醬，韓國的綜合調味料）塗在荏胡麻葉（日本紫蘇品種）上，層層疊放後醃漬的荏胡麻泡菜，同樣深得我心。韓國餐廳的菜單中只要有這道菜，絕對是我必點菜色，用它把剛起鍋的白飯包起吃最美味了。

通常將荏胡麻葉切半醃漬較方便食用，若嫌麻煩可逐片攤開醃漬。每當喝點酒、略感飢餓時，只要用荏胡麻泡菜包住迷你飯糰上桌，沒一會功夫就被一掃而空，可謂我家的人氣佳餚。

材料（方便製作的份量）

荏胡麻葉20片

〈A〉蒜泥1瓣的份量、嫩薑泥1塊的份量、長蔥（切末）2大匙、醬油1又1/2大匙、魚露1小匙、日本酒1小匙、麻油及砂糖各1小匙、韓國辣椒粉1大匙、白芝麻2小匙

作法

①將〈A〉拌勻。

②快速清洗一下荏胡麻葉，壓乾水分，切除莖部、縱向切半。

③把①適量塗抹於荏胡麻葉上，捲起後裝進乾淨的瓶罐中，第二天起便可食用。放進冰箱冷藏約可保存一個月。

＊如果買不到荏胡麻葉，以青紫蘇醃製也很美味。

涼拌什錦蔬菜乾

通常，我會把握夏天晴朗時大量製作這種韓式涼拌菜。組合三種蔬菜烹煮，做起來相當輕鬆。首先，將蔬菜抹鹽逼出水分，然後藉由日晒乾燥，凝縮蔬菜的鮮甜美味。因爲蔬菜已帶有鹹味，隨後只要過油拌炒，並加入大蒜、麻油增添口味即可！就算沒做細膩的調味，也能美味上桌。爲了確保味道的穩定，製作要領在於鹽的用量。我認爲，把握蔬菜重量的二%就是很好的調味比例。藉由自然乾燥讓蔬菜增添清脆口感，我的另一半原本並不愛吃韓式涼拌菜，現在變成他喜歡的菜色之一了。

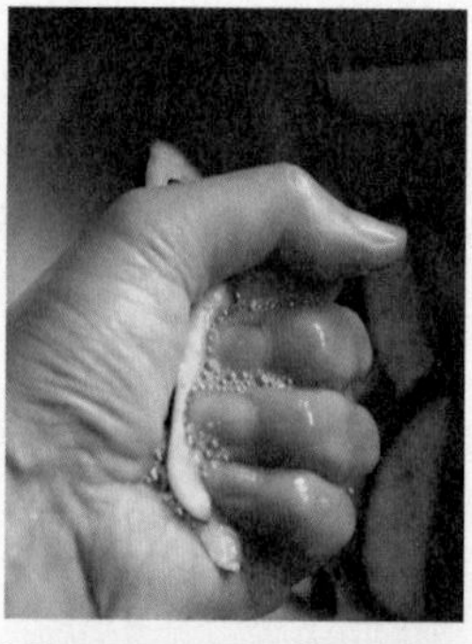

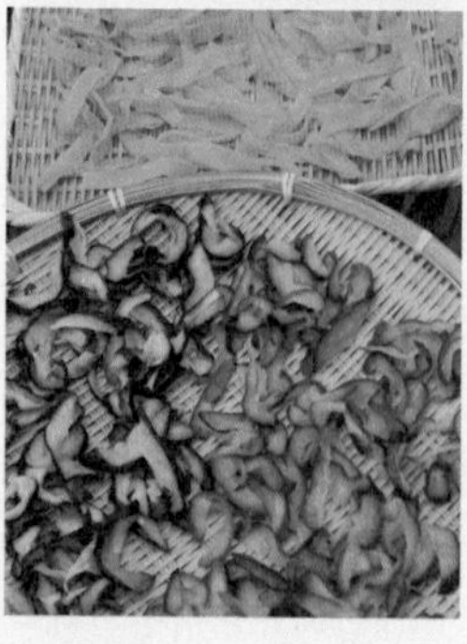

材料（方便製作的份量）

小黃瓜2條、茄子3條、紅蘿蔔1根、鹽適量、沙拉油1小匙

〈A〉麻油1小匙、蒜泥1/2小匙、白芝麻2小匙

作法

①所有食材洗淨。小黃瓜與茄子縱向切半，然後再斜切為厚5mm的大小。紅蘿蔔配合小黃瓜和茄子的大小切成薄片。

②每樣蔬菜均抹上約本身重量2%的鹽，靜置十分鐘。

③用力擠出蔬菜的水分後，鋪在篩子上以日晒乾燥五到六小時。

④將沙拉油倒入平底鍋，以中火拌炒③的蔬菜。

⑤全部蔬菜都裹上油後關火，然後加入〈A〉拌勻，待降溫後裝進乾淨的瓶罐中並存放冰箱。

＊放入冰箱冷藏約可保存一個星期。

韓式海苔壽司

材料（方便製作的份量）

涼拌什錦蔬菜乾適量、全張烤海苔4片、白飯2合（量米杯2杯）、壽司醋3大匙、白芝麻1大匙、牛肉（碎肉）150g、麻油1小匙
〈A〉日本酒1大匙、砂糖1小匙、醬油1大匙、蒜泥少許

作法

①將〈A〉與牛肉拌勻，再以中火熱過的平底鍋內倒入麻油、拌炒牛肉。
②在剛起鍋的白飯裡加入壽司醋及芝麻，用切剁般地手法拌勻，做成壽司飯。
③將海苔片置於竹捲上，鋪上1/4的壽司飯，接著再放上1/4的炒牛肉與適量涼拌什錦蔬菜乾，然後向前包捲，將餡料全包進海苔片中。
④海苔片捲合處朝下稍做靜置讓海苔片黏合，然後切成方便食用的大小即可。

＊壽司醋的作法為開火烹煮米醋1杯、砂糖130g及鹽3大匙，熬煮至砂糖與鹽溶解即可。放進冰箱冷藏約可保存兩個月。

韓式涼拌粉絲

材料（2人份）

涼拌什錦蔬菜乾適量、長蔥1/3根、冬粉80g、牛肉（碎肉）60g、麻油1小匙、白芝麻適量

〈A〉日本酒及醬油各1小匙、砂糖1撮

〈B〉砂糖1小匙、日本酒及醬油各1又1/2大匙、水50cc

作法

①冬粉浸泡沸水約五分鐘泡軟後，切成方便食用的長度。長蔥對半切開後，再斜切成薄片，牛肉以〈A〉拌勻備用。

②將麻油倒入以中火加熱過的平底鍋中，放入長蔥拌炒，待長蔥變軟後加入牛肉拌炒。

③等牛肉變色後，放入冬粉、涼拌什錦蔬菜乾及〈B〉，以小火翻炒，讓冬粉吸入湯汁。最後，加進醬油與麻油（皆為另外準備）調味，再撒上芝麻即可。

麵線醬

令人倦怠無力的炎炎夏日裡，常會想吃口感滑溜的麵線。如同我母親所做的麵線醬一樣，她加了昆布、柴魚乾和香菇的醬汁調製，是我家的招牌口味。雖然不需動手做，也能輕易買到美味的麵線醬，但我還是想吃熬了高湯的乾香菇所做成的糖煮甜點，因此不能不做這個醬料。

這種麵線醬屬於食用前須以等量的水來稀釋的濃縮型醬料。如果選擇食用一直泡在冰水裡的麵線，可增加醬料的用量比例。此外，可加水稀釋，用在熬煮料理、茶碗蒸或高湯蛋捲中。

材料（方便製作的份量）

乾香菇5朵、昆布20g、柴魚乾40g、水適量、味醂90cc、淡醬油100cc

作法

①用水浸泡乾香菇、昆布，剛好蓋過它們即可，然後放進冰箱中泡發一晚。

②於泡發的湯汁中加水至500cc，連同昆布和乾香菇一併以小火烹煮。

③快要煮沸時撈出乾香菇，然後加水50cc（另外準備）和柴魚乾。繼續以小火熬煮，於煮沸前關火，接著用鋪了濾布的篩子過篩（高湯渣和乾香菇一併保留，可用來製作「甜煮香菇」）。

④將高湯約300cc放入鍋內，加一些味醂和淡醬油後開火烹煮。待煮沸且降溫，裝進乾淨的瓶罐中並放入冰箱冷藏，約可保存一個月。

＊「甜煮香菇」的作法參考P.163。

column 4

我家必備的
不可思議罐裝保存食

無論季節為何，我家一年三百六十五天的常備罐裝食品有兩種，其中一種是「醋漬大蒜」。

之所以會醃製這種罐裝保存食約是在十年前，當時，我老公從某處得知「每天食用醋漬大蒜就不會感冒」，於是我抱著半信半疑的心情開始醃製。

事實上，作法就只是把大蒜醃漬在醋當中而已。三個月後，由於醋汁變成略為透明的褐色，我便試吃了一顆大蒜……沒想到，口感相當清脆，大蒜的香氣也全散開來了！不過，大蒜仍十分嗆辣，這種氣味令我有些在意，所以繼續擺著不食用。

就在兩年後的某一天，當我打開瓶子一瞧，醋汁和大蒜的外觀竟然不同以往。試吃一顆大蒜後，發現不僅甘甜，而且微溫軟嫩。更令人驚訝的是，醃漬後的醋汁美味至極，出現宛如加了蜂蜜或砂糖般的甜味。我把醋汁加入煎餃的沾醬或用來炒菜，味道瞬間升級，實在太令人驚訝了。

雖然醋漬大蒜對於預防感冒的效果尚未證實，但如果深感疲倦或自覺快要感冒時食用，我相

信身體必能快速復原。自從有了這樣的經驗後，我家每年都會醃漬大蒜，而且絕不斷貨。

另一種罐裝保存食，則是以百里香醃製而成的「百里香藥酒」。所謂藥酒，就是將香草浸泡於酒類中，萃取其中成分而得的汁液。如果加水稀釋後拿來漱口，將有殺菌效果，讓喉嚨感到清爽舒適。

因為家裡種的百里香長得過於茂盛，因此查了一下百里香有何運用之處，結果芳療書籍中記載了藥酒的作法，於是便參考了一下。

作法主要是將採收的百里香予以乾燥，然後裝滿於瓶罐中並倒入伏特加。不過，這種罐裝食品的製作，實在太簡單了！兩天搖晃瓶罐一次，一個月後過篩並放進冰箱冷藏的話，將可保存一年。我取了適量的藥酒換成按壓式的容器，每天都以此來漱口。

順帶一提，被蚊蟲叮咬時也可用來止癢。只要在患部塗抹一滴原液，無須稀釋，不久就會出現療效。雖然這種藥酒可以安心使用，但是畢竟添加了酒精成分，兒童和不勝酒力的人請小心使用喔！

青辣椒羅勒醬

臺灣盛產季：5〜10月

每年到了夏天，我就會在陽臺種羅勒。種好以後，我通常會一點一點地少量摘取葉子來用，不過當梅雨季結束時，羅勒竟然長得如叢林般茂盛！如果就此放任不管，便會成爲毛毛蟲的食物。因此，我會一次全數採收，做成炎炎夏日之中清爽吃下肚的醬料。

材料只需青辣椒、羅勒、鹽及橄欖油，相當簡單。青辣椒的嗆辣和香氣清爽的羅勒極爲搭配，是一種十分適合夏天品嚐的美味醬料，可當作煎至焦黃適中的肉和魚類醬料來使用。

材料（方便製作的份量）

青辣椒40g、羅勒（只要葉子）50g、鹽1又1/3大匙、橄欖油90cc＋適量

作法

①青辣椒去蒂、1/4份量切成小段，剩餘的3/4份量縱向切半，並刮除每一根的種子後，大略切一下。

②將鹽與青辣椒放入食物調理機打碎。當這兩樣食材已融合為一、且呈溼潤狀，再加入橄欖油和羅勒，拌成糊狀。

③裝進乾淨的瓶罐中，並以橄欖油封蓋頂部，避免醬料表面接觸空氣，放入冰箱冷藏約可保存三個月（也能冷凍保存）。

＊處理辣椒時，必備拋棄型的橡膠手套。

青辣椒羅勒義大利麵

材料（2 人份）

青辣椒羅勒醬1大匙、橄欖油2大匙、大蒜1瓣、義大利麵160g、檸檬皮刨屑1小匙

作法

①先以加了鹽的大量沸水烹煮義大利麵。
②將橄欖油和搗碎的大蒜，放入平底鍋中以小火烹煮，慢慢加熱，避免燒焦，逼出蒜香。
③待大蒜略呈焦色，加入煮麵湯汁約1湯勺的份量，與橄欖油融合為一。接著放入煮好的義大利麵和青辣椒羅勒醬，一邊晃動平底鍋、一邊拌勻。起鍋盛盤，並撒上檸檬皮即可。

＊烹煮義大利麵的湯汁中所含鹽分，再加上醬料中的鹽分，鹹度應已足夠。若嫌味道太淡，最後可再加鹽調味。此外，如果是加入剁碎的章魚、花蛤等海鮮或是臘腸，也十分美味喔！

番茄馬鈴薯沙拉

材料（2 人份）

番茄1顆、馬鈴薯2顆、紫色洋蔥1/8顆、青辣椒羅勒醬2小匙
〈A〉白葡萄酒醋及橄欖油各2小匙、鹽1撮

作法

①馬鈴薯帶皮水煮至串籤能刺穿的程度後，去皮。接著，將馬鈴薯切成方便食用的大小放入調理盆中，趁熱與〈A〉拌勻。
②加入切成同馬鈴薯大小的番茄，以及切成薄片且泡過水的紫色洋蔥，還有青辣椒羅勒醬與馬鈴薯拌勻即可。

水泡菜

韓文所說的水泡菜，就是將蔬菜醃漬於大量鹽水中令其發酵，內含大量水分的泡菜。這種泡菜連醃汁都能大口喝下，不過日本並無這類醬菜。醃汁中帶有乳酸發酵所產生的溫和酸味，以及蔬菜和嫩薑的清爽香氣，即使感覺食慾不振或胃部不適時，也能咕嚕喝進肚子裡。

此外，這種水泡菜其實具有舒緩宿醉的效果。只要我在宿醉的早晨吃了水泡菜，便能感覺胃很舒服，身體狀況的恢復似乎比平常還快，請務必試一次看看。

材料（方便製作的份量）

小黃瓜1條、白蘿蔔5cm、紅蘿蔔1/3根
〈A〉洗米水800cc、鹽2小匙
〈B〉蘋果1/4顆、細蔥5根、嫩薑1塊、大蒜1瓣、紅辣椒1/2根

作法

①將〈A〉放入鍋中開火烹煮，待鹽溶解後讓其冷卻。
②小黃瓜斜切為厚5mm的大小，白蘿蔔和蘋果縱切四份後、再切成厚5mm薄片，紅蘿蔔縱向切半後、再斜切為厚3mm的大小。細蔥大略切過，大蒜切圓片，嫩薑切絲。
③小黃瓜、白蘿蔔、紅蘿蔔抹上各自重量3%的鹽（另外準備），並以醬菜石重壓，靜置一小時。
④快速清洗③的蔬菜，充分瀝乾水分，然後將蔬菜與〈B〉裝進乾淨的瓶罐中，再倒入①。輕輕蓋上瓶蓋，在常溫中靜置一到兩天。打開瓶蓋，若發現裡面起泡且醃汁出現酸味，則輕輕封蓋，放進冰箱保存即可。

高湯漬油炸夏季蔬菜

這道高湯漬油炸夏季蔬菜，在家中餐桌出現的頻率，已多到讓人不禁想問一整個夏天，我到底做了幾次？實在是一道深得我心的「御萬歲」。有時，我會放秋葵、櫛瓜、小番茄；有時只放了茄子和南瓜。反正就依個人喜好，挑選當時冰箱裡有的蔬菜來製作。我比較建議的品嚐時機，是在高湯已完全入味於蔬菜之中的隔天。雖然色澤變得略差，不過好吃比較重要吧。無論是直接當配菜品嚐，還是把蔬菜連同湯汁放在煮熟且以冷水冰鎮過的烏龍麵上，當作湯烏龍麵來享用，亦十分美味。

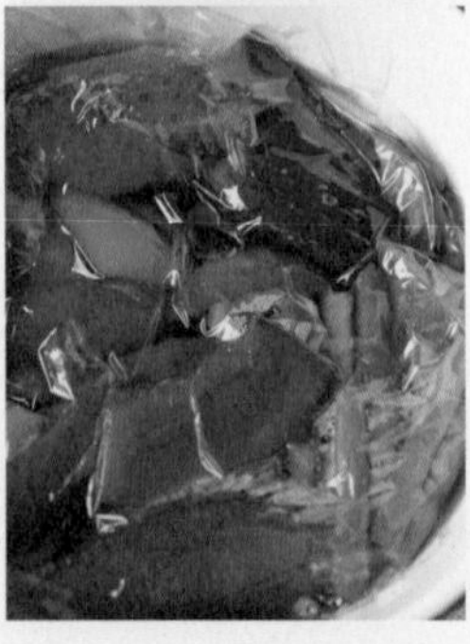

材料（方便製作的份量）

昆布和柴魚高湯1杯、等比例醬（參考P.55）90cc、醬油1大匙、嫩薑汁1小匙、茄子2條、四季豆8根、紅黃甜椒各1/2顆、南瓜1/8顆、日式小甜椒8根、炸油適量

作法

①混合等比例醬和醬油煮沸後，加入高湯與嫩薑汁，然後倒入調理盆中放涼備用。
②將茄子、四季豆、甜椒、南瓜切成方便食用的大小。以菜刀尖端刺入日式小甜椒，並劃開一道缺口。
③炸油以170度加熱來裸炸蔬菜，瀝油後趁熱浸泡於①，再以保鮮膜覆蓋，讓蔬菜入味。最後裝進乾淨的瓶罐中並放入冰箱冷藏，約可保存五到六天。

魩仔魚燉萬願寺辣椒

這道料理是我住在京都的母親，以前每逢夏天就會經常做給我吃的御萬歲之一。那時，萬願寺辣椒在京都市場裡或許並不常見。在我的印象中，母親是用細長味甜的伏見辣椒，或是日式小甜椒來烹製。

雖然我用的也是各個時期能買到的材料，但最喜歡以肉多味甜的萬願寺辣椒製作。加熱熬煮至整鍋劈啪作響，然後放進冰箱充分冷藏後再來享用。一含在嘴裡，湯汁和魩仔魚的鮮味便從萬願寺辣椒中擴散開來。

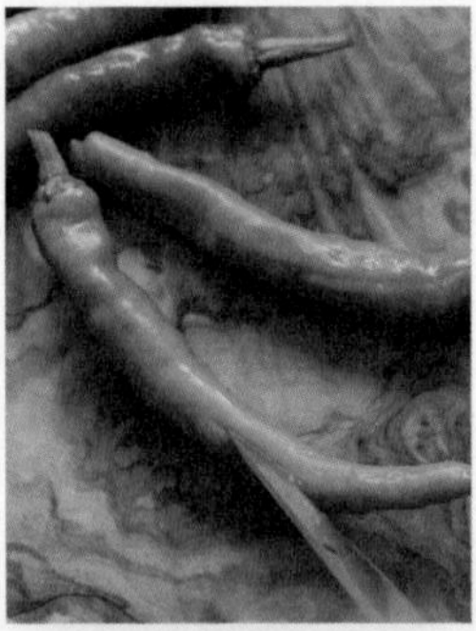

材料（方便製作的份量）

萬願寺辣椒10根、魩仔魚1/2杯、生麻油2小匙、水150cc、等比例醬（參考P.55）60cc

作法

①萬願寺辣椒以菜刀尖端劃開一道2～3cm的缺口。
②將生麻油倒入鍋內，以中火翻炒萬願寺辣椒。
③炒軟後，加入魩仔魚約略拌炒一下。
④倒入水和等比例醬，以小火一邊不時攪拌，一邊熬煮到軟爛。待降溫後裝進乾淨的瓶罐中並放入冰箱冷藏，約可保存四到五天。

＊編按：萬願寺辣椒，由青椒和辣椒自然混生出來的新品種。京都生產的蔬菜中相當受歡迎。

哈里薩辣醬

哈里薩辣醬產自突尼西亞，這是一種將大蒜、數種香料及橄欖油混入紅辣椒中的醬料。由於基本成分是紅辣椒，因此味道極爲辛辣。不過，具有混合了孜然、香菜等香料及大蒜的多層次鮮味。

哈里薩辣醬雖然以食用古斯米（源自北非及中東地區，爲由麵粉製成的顆粒狀主食）時不可或缺而著稱，但也能用來醃肉和魚類，或是拿來蒸、煮、炒等，屬於用途廣泛的萬用調味料。由於自製醬料可調整香料的份量及辣度，不敢吃辣的人可選擇將紅辣椒原本用量的一半，改以韓國辣椒試做。

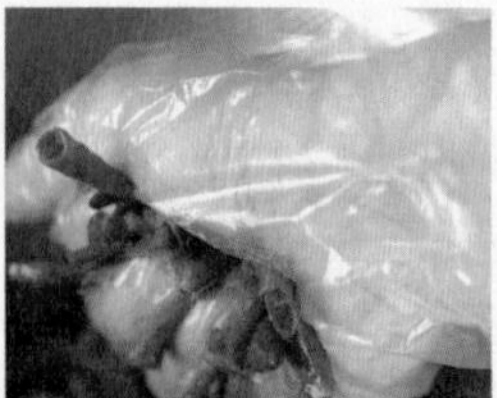

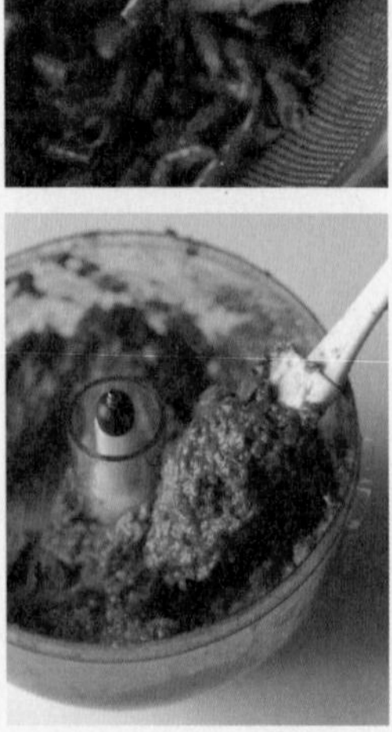

材料（方便製作的份量）

紅辣椒（去籽及蒂頭）30g、蒜泥（大顆）2瓣的份量、鹽2小匙、橄欖油3～4大匙、檸檬汁2小匙

〈A〉香菜籽、孜然籽、葛縷子各1小匙

作法

①將紅辣椒放入調理盆中，然後倒入剛好蓋過紅辣椒的沸水。冷卻後，雙手戴上橡膠手套用力擠乾水分備用。

②將〈A〉放入平底鍋中以小火拌炒，待孜然籽略呈焦黃則離火，然後放入研磨缽中搗碎。

③將紅辣椒、蒜泥、鹽、檸檬汁、橄欖油及②放進食物調理機，打成質地滑潤的糊狀。

④裝進乾淨的瓶罐中，並倒入橄欖油約1大匙以避免表面接觸空氣，放入冰箱冷藏約可保存半年。

香烤竹筴魚 臺灣盛產季：4～8月

材料（2 人份）

竹筴魚2尾、低筋麵粉適量、橄欖油3大匙、香菜適量、檸檬2片、白飯2碗

〈A〉哈里薩辣醬2小匙、薑黃1/2小匙、鹽1/2小匙、檸檬皮屑1小匙

〈B〉紫色洋蔥、甜椒、小黃瓜、香菜切末各2大匙；孜然1撮；檸檬汁1小匙；橄欖油1～2小匙；鹽、胡椒各少許

作法

①取出竹筴魚的稜鱗、鰓、內臟，洗淨魚腹內部，充分拭乾水分後，拌勻〈A〉搓抹竹筴魚至魚腹內部，然後靜置約一小時。

②製作沙拉飯。將〈B〉拌入熱飯中，放入冰箱冷藏約一小時。

③將低筋麵粉拍裹於①上，然後把橄欖油倒入以中火熱過的平底鍋中油煎。當兩面皆煎到焦脆起鍋，並將事先冷藏好的沙拉飯一起盛盤，另佐上香菜及檸檬即可。

＊編按：竹筴魚在魚身側線處有堅硬如骨的鱗片，稱為稜鱗。

塔吉鍋蒸鹹豬肉鷹嘴豆

材料（2人份）

鹹豬肉（參考P.59）150g、洋蔥1/2顆、紅黃甜椒各1/4顆、大蒜1瓣、橄欖油1大匙、鹽適量、白葡萄酒50cc、水煮鷹嘴豆（參考P.57）250g、巴西里（切末）少許
〈A〉孜然粉、香菜粉、哈里薩辣醬各1小匙；鹽封檸檬1/8片

作法

①鹹豬肉切成2cm小丁。大蒜切末，洋蔥大略切塊，甜椒先切成寬1cm的大小，再將長度切半。鹽封檸檬僅取外皮切末。
②將橄欖油倒入以中火加熱的鍋中翻炒鹹豬肉，當肉變色後，加入大蒜和洋蔥拌炒，待全部材料都裹上油後，加入〈A〉炒至溢出香味。
③放入白葡萄酒、鷹嘴豆、甜椒後，蓋上鍋蓋以小火蒸煮二十到三十分鐘。最後，加鹽調味，並撒上巴西里即可。

＊鹽封檸檬即指鹽漬檸檬，沒有的話可以檸檬皮切絲替代。

column 5

製作罐裝保存食的各種器具

當我製作罐裝保存食時，有幾樣不可欠缺的器具。

首先是附嘴湯勺。比起一般的圓形湯勺，倒注液體時更為方便、不會滴漏，因此將完成品倒入瓶罐時，是絕不可缺的物品。此外，便是與湯勺搭配使用的漏斗。若將漏斗固定於瓶罐上使用，不僅容易倒注汁液，也不會弄髒瓶口或是滿溢。當然也能用於液體以外的材料，要把袋裝粉類換裝到瓶罐時，如果有漏斗，粉類就不會四處飛散，相當方便好用。由於漏斗可以疊放收納，因此口徑從大到小，我全都備齊了。

其次，進行沸水消毒瓶罐或施以脫氧處理時，十分方便好用的器具就是瓶罐夾和橡膠手套，皆可用來取出鍋裡的瓶罐。如果是小瓶罐或蓋子，以一般的夾子就能夾住，但若要緊緊抓穩大瓶罐的話，這兩樣便是必備器具。此外，若要替從沸水中取出的瓶罐蓋緊蓋子時，橡膠手套也能派上用場。

再來是一些小東西，像是消毒用酒精。每當要把快吃完的食物裝進瓶罐時，往往會像用塑膠或琺瑯製保存容器一般，未經消毒就裝瓶，但梅雨及盛夏季節時，最好先以這種酒精擦拭瓶罐與瓶蓋較能放心。如果在製作涼拌什錦蔬菜乾（第八十六頁）、以及蘋果乾（第一三八頁）的過程中，在自然乾燥期間淋了雨，可先拭乾水分，再用酒精噴灑，就能遏止發霉。此外，也能將甲醇裝入噴霧瓶中使用喔。接下來，只要備有大支鑷子，無論是要將多細小的食材放入還是取出瓶中，都十分方便。因為是不鏽鋼製，所以相當衛生。

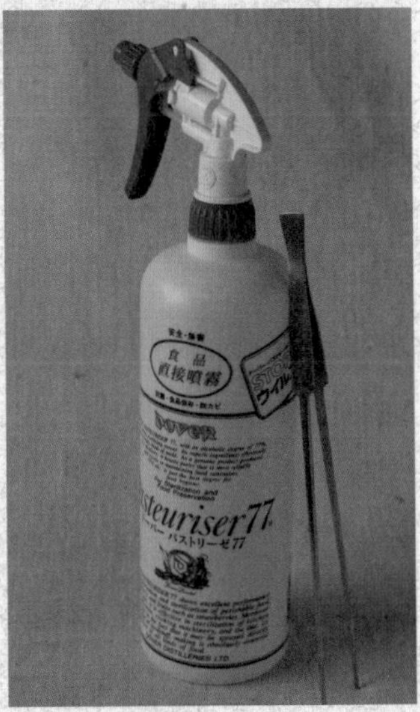

三百六十五天罐裝食品好日子

春天是竹筍

日本平安時代女作家清少納言，在其著作《枕草子》的開頭中寫道：「春天是曙光……」而換成貪吃的我，應該會寫成：「春天是竹筍……」吧。

沒錯，每年到了四月初，住在京都的母親總會把早上現採的竹筍寄來我家。一收到竹筍，除了得知母親一切安好外，同時還感受到「啊～～春天終於也來到我家了。」因此對我來說，春天就是竹筍。

當新鮮現採的竹筍一寄到我

家，我總會趁還沒出現苦味時，先汆燙一次。將竹筍和米糠放進我家尺寸最大的露營用大鍋中，汆燙至能以串籤刺穿爲止。汆燙後，剝除外皮，前置處理便就此完成。

畢竟是母親特別寄來的竹筍，我們往往吃到半點都不剩。

首先是筍尖。因爲這是利用整支竹筍烹調，才能品嚐到的珍貴部位，所以無論是用來煮湯，或是和海帶芽一起做成韓式涼拌菜，都能品嚐到個中鮮美的滋味。若想直接大啖剛汆燙好的竹筍原味，竹筍沙拉絕對是必吃菜色。想當然耳，我還會烹煮海帶芽燉竹筍、烤竹筍及竹筍飯，唯有這個季節，才能享用到如此竹筍盛宴。

不過，通常裝在紙箱中寄來的超大竹筍有三到四支，因此吃個一、兩次也吃不完。這時候，我會將吃剩的水煮竹筍直接保存起來。只要把水煮竹筍裝罐並脫氧，便可長時間保存。我家還會運用這個罐裝食品，製作那一年的年菜。

雖然脫氧處理有些費工，但是只要在春天先做好備用，將可長時間品嚐美味直到歲末年終。

陽臺饗宴

春天還有另一個期待，便是我栽種在自家陽臺的多種植物。每逢春天氣候變暖，它們便會一一開始冒出新芽。

這時候，我老公宛如從冬眠中醒來的大熊一般，興致勃勃地做起園藝工作，而且每天早上還會向我報告：「藍莓長出花苞了喔！」或是「木香花漸漸開花了呢！」

暖呼呼的溫暖日子裡，我們會在各種植物的圍繞下，在陽臺享用早餐。雖然，家裡早餐的基本內容就是一杯咖啡、吐司和沙拉，但此時果醬和糖煮類的罐裝食品便十分活躍。若能將沙拉也採用事先做好備用的罐裝淋醬，早餐一下子就備妥了。

一邊沐浴著晨光、一邊享用早餐，實在別有風味。即使是和平常一樣的咖啡和沙拉，也覺得倍加美味。有時一邊吃著早餐、一邊「拈花惹草」，或是觀察飛來的蝴蝶和鳥兒，不知不覺中竟然在陽臺待了兩個小時，已經可說是我們的第二起居室。

醃梅作業

每年到了六月下旬，我總會向日本神奈川縣小田原的梅園訂購梅子，以進行醃梅作業。由於梅子易受氣候影響，天候不佳的年度，有時果實比較小、甚至無法收成，因此我總是提心吊膽地等待著梅子寄達。

當順利收到梅子，只要一開箱，梅子的甜美香氣會瞬間在屋內擴散開來，這時我總是忍不住「呵呵呵……」地露出笑容。

醃梅作業得先從分類開始。顏色略青的梅子用來釀製梅子沙瓦，醃梅只取全熟且未受損的梅子來醃製；至於過熟偏軟的梅子，則做成梅子味噌。諸如此類，只要配合梅子的狀態選擇處理方法，就可毫無浪費地大啖個中美味。

接著，將梅子放進裝滿水的調理盆，梅子表面的細毛會將水撥開，閃閃發光，如此美麗的景象令人不禁失神凝望。對我來說，欣賞這般隨意悠然的情景，也是進行醃梅作業的樂趣之一。

將梅子清洗乾淨後，以濾布一一拭乾水分並去蒂，然後針對準備做成醃梅的梅子，根據每顆

尺寸分成大中小三類。

雖然醃梅作業相當費工，但只要做成罐裝食品，不僅一整年能品嚐到美味的醃梅，還能做出梅子醋或醃梅紫蘇香鬆等副產品。就算再忙，我也會動手醃製，否則就會感到全身不對勁。

夏天的豐年祭

每當梅雨季進入尾聲，春天種的夏季蔬菜將不斷長大。尤其是，羅勒和青辣椒生長得相當快速，若只是平常做菜時才用，便趕不上其生長速度，所以我乾脆全剪下它們做成醬料。

這個時期最令我期待的應該是水蜜桃吧！我家的水蜜桃雖然種在盆栽裡，但每年大約會結出十到十五顆果實。話雖如此，因爲我多半不做整枝修剪，因此果實不僅長不大顆，味道也不那麼甜。不過，若只是自家吃的話，這樣的品質已算綽綽有餘。

如果是像網球般大小的水蜜桃，我會直接吃掉，但若是更小顆的水蜜桃，則會做成糖煮罐裝食品。能以糖漿彌補甜度不足的部分，雖然原本果實尺寸太小，但若當作餐後甜點，大小其實恰到好處。

將水蜜桃與一併採收的羅勒、薄荷一起烹煮到劈啪作響，做成夏天的消暑甜點，是我夏天時的樂趣。

醃柚作業

如同「豐收之秋」的字面意義，每到秋天，當令的美味將一一陸續登場。諸如好友寄來的千葉縣八街產落花生、京都栗子和毛豆等，能夠讓我忙到再怎麼做，也趕不上當令美食寄來的速度，或許就是這個季節吧！

這個時期最重要的作業，大概就是醃柚作業。通常我會訂購無農藥栽培的日本柚和青辣椒，做成自製柚子胡椒和橙醋醬油，這實在是一種相當費力的程序。首先，我得單手拿著鋒利的削皮刀，削去日本柚的外皮，但是日本柚既硬又小顆，削起皮來的吃力程度眞是出乎意料之外。

不過，在日本柚清爽香氣的促使下，我總是坐在椅子上，一邊聽著喜愛的音樂、一邊使勁地削皮。要削去五公斤日本柚的外皮，往往得花上二到三小時。每當全數削完時，我的右手腕總是疼痛不已。

待削皮作業結束後，接下來則有大量青辣椒等著我。這個製作過程之辛苦，常讓我做到一半，便覺得快撐不下去了。但是，一想起家人和好友每年期待著我做出柚子胡椒和橙醋醬油的臉龐，我就會振作起來、吆喝一聲「拚了！」然後，打起精神讓停下的雙手繼續動起來。

有人期待著自己，實在應該心存感激。

乾燥食品好日子

秋天乾燥的風雖然是肌膚的頭號敵人，但最適合用來製作乾燥食品。因此把握風勢稍大的日子來製作乾燥食品，是我秋天時的樂趣。

這個季節正值可便宜買到北魷或秋刀魚，於是我想到了就會趕緊去買。上午把食材買好後，隨即動手做起來。只要先將魚鮮醃漬在添加了魚露、日本酒具有鮮味的鹽水中，然後串於串籤上、風乾，便大功告成。很多人萬萬沒想到，乾燥食品的製作竟如此簡單。

若是不帶溼氣的秋風，花上五到六小時就能風乾，因此製作乾燥食品當天，我們多半會在陽臺用餐。

燒炭生火就交給老公負責，而我則去準備乾燥食品以外的燒烤菜色。這時候，我如果想試試剛做好的柚子胡椒和橙醋醬油味道如何，就會準備湯豆腐來取代湯品。若再來一瓶溫日本酒，那就眞的太讚了。

炙燒一下剛做好的乾燥食品，小口啜飲溫過的日本酒，個中美味獨具一格。因爲實在是太美味了，我往往不禁多喝了一些，導致雙頰發燙，但涼爽的秋風徐徐吹來，令人感到舒適無比。結果這場秋天的陽臺饗宴，進行的時間就愈拖愈長了。

美味的熱氣

由於我們居住的公寓是屋齡約五十年的老舊建築，四面八方都有風從隙縫灌入，因此冬天早晨的廚房無比寒冷。

不過，正因爲廚房如此寒冷，所以能夠體驗到一種樂趣，那就是熱氣。無論是什麼樣的廚房，只要一煮飯或燒開水，便會冒出熱氣，但是當室溫偏低時，所產生的熱氣將變得更白，看起來相

當鮮明。

這時候，如果晨曦照射進來，熱氣將變得更加閃耀飄搖，那眞是美得如夢似幻，而且熱氣也能使料理看起來更加美味。雖然嚴冬時節極爲寒冷，感覺幾乎要凍結了，但是如果能早點起床，到廚房瞧瞧美麗的熱氣冉冉上升的景象，那麼，早點起床也是一個挺不錯的點子。

我家的年菜

雖然現今是一個號稱年菜靠外帶的時代，但對我而言，準備年菜等同是廚房工作的年度總結，絕對不可省略。

只不過，往往貪心地做了太多菜吃不完，因此我通常是先做好黑豆、醋拌生魚片、日本鯷魚乾、燉菜等六到七道基本菜餚，然後再擺出幾道年菜以外的美食，就此迎接新年。

年菜並不是我母親教我的，幾乎都是我自創的菜色，而且大多一年只做一次，因此我總是一邊參考去年記錄的食譜、一邊烹製，如有覺得不妥之處，便會加以改良。

其中，最令我感到棘手的就是

燉菜。我原本做的燉菜並沒有放肉類，而且炊煮的口味偏淡，結果不合老公的胃口。

如果做了沒人吃就失去做菜的意義，所以我每年都會微調口味，經過這幾年，他總算誇讚這道菜好吃了。

只是我沒有想到，調整到最後，變成了加進雞肉炊煮，味道濃厚的筑前煮（日本九州北部的地方料理）風味。

當我做出既非母親的味道、也不是婆婆的味道，而是屬於我家自己的味道後，我對於年菜的製作感覺熟練了不少。

想當然耳，這道燉菜當中所用的竹筍，就是我在春天時做好裝罐的竹筍。

每當這罐竹筍用完後，便讓人忍不住開始期待下次再有竹筍送來的春天。

第 3 章

秋天的罐裝常備菜

凝縮著豐收的「美味」

蔬菜泥

有一次，我想起在某家餐廳品嚐到的蔬菜泥十分美味，於是搭配了冰箱裡有的蔬菜和鷹嘴豆試做。雖然，最後做出的味道與那家餐廳截然不同，但完成了充分凝縮蔬菜鮮味的健康蔬菜泥。

接下來，可依個人喜好挑選使用的蔬菜，不過，香氣宜人的西洋芹和洋蔥是必備食材。希望降低甜味時，請以不放葡萄乾、南瓜減量、鷹嘴豆增量等方式進行調整。此外，孜然的香氣會令人食慾大增，不妨準備些麵包和白葡萄酒來大快朵頤一番吧！

材料（方便製作的份量）

西洋芹（莖部）1根（120g）、洋蔥1/3顆（100g）、紅蘿蔔2/3根（100g）、南瓜1/8顆（150g）、大蒜1瓣、葡萄乾1大匙、白葡萄酒1/2杯、鹽1小匙、水煮鷹嘴豆（參考P.57）150g、醋2小匙、孜然粉1又1/2小匙、橄欖油2大匙

作法

①全部蔬菜洗淨、切小塊備用。將橄欖油以外的材料放入厚實的鍋子中，蓋上鍋蓋開火烹煮，待煮沸後轉小火、蒸煮十五到二十分鐘。

②待紅蘿蔔及西洋芹已軟爛到可用指尖捏碎時，掀開鍋蓋，一邊攪拌、一邊讓水分收乾，直到快要煮焦為止。

③放進食物調理機當中打成泥狀，放涼後加入橄欖油拌勻，然後裝進乾淨的瓶罐中並放入冰箱冷藏，約可保存十天。

甜醋漬蘘荷

臺灣盛產季：7～9月

說起蘘荷，我小時候很不愛吃，但現在卻相當喜歡。它具有獨特的香氣和辣味，可用來爲料理提味，是名聲響亮的配角食材。

每到盛產的季節，我會買回來備用，但由於蘘荷很容易受損，因此我總是把它做成甜醋醬菜以利保存。只要先做好備用，便能以此取代佐烤魚食用的山花椒。此外，可以把甜醋當壽司醋的代用品，同時摻入剁碎的蘘荷，做成散壽司。

放進冰箱冷藏，可保存一個月，眞的該趁價格便宜時，多做一點備用呢！

材料（方便製作的份量）

蘘荷9個
〈A〉米醋150cc、砂糖2又1/2大匙、鹽1/2小匙

作法

①切除蘘荷底部受損的部分加以清洗，然後盡量拭乾水分。
②將①塞滿於乾淨的瓶罐中。
③將〈A〉放進鍋內開火烹煮，溶解砂糖和鹽。
④將③煮沸，趁熱倒入②當中。然後放上小碟子，或以保鮮膜覆蓋，讓蘘荷浸泡甜醋中，不會浮上來。待降溫後放進冰箱冷藏，約可保存一個月。

＊如果希望能夠盡快醃好，可先縱向切半再醃漬。

蘘荷青紫蘇散壽司

材料（4 人份）

米2合（量米杯2杯）、甜醋漬蘘荷3～4個、青紫蘇6片、白芝麻1又1/2大匙、魩仔魚1/2杯
〈A〉甜醋漬蘘荷的甜醋汁3大匙、鹽1/2～2/3小匙

作法

①將米洗淨。煮飯時，少放一些水，把飯粒煮得稍硬一點。
②甜醋漬蘘荷縱向切半後再切成絲狀。切除青紫蘇莖部、再切成絲狀，快速地泡一下水。
③預留少許的甜醋漬蘘荷、青紫蘇、芝麻，屆時用來撒在壽司飯表面。
④把煮好的白飯移放至壽司桶或調理盆中，並全面淋上拌勻的〈A〉，然後用飯匙宛如切剁白飯似地充分攪拌。在過程中，放入切成絲狀的甜醋漬蘘荷、芝麻和魩仔魚，待白飯降溫後，再加入青紫蘇。
⑤裝盤後撒上事先預留的③即可。

醋漬蘘荷章魚小黃瓜

材料（2人份）

甜醋漬蘘荷1個、水煮章魚40g、小黃瓜1/2條、鹽2撮、白芝麻少許
〈A〉醋1/2小匙、甜醋漬蘘荷的甜醋汁1小匙、淡醬油1/2小匙

作法

①蘘荷稍微瀝乾後縱向切半，再切成薄片；水煮章魚切成薄片；小黃瓜則切成厚2mm的大小，抹鹽靜置十分鐘。
②用力擠出小黃瓜的水分，連同蘘荷和水煮章魚一併放入調理盆中，以〈A〉拌勻。裝盤後，撒上芝麻即可完成。

乾炒碎豆腐

大家知道把豆腐先冷凍、再解凍的話，將會變成海綿狀，有如凍豆腐一般嗎？每當我買了豆腐回家，不小心快過保存期限時，便會立即冷凍。有時，我也會用解凍的豆腐做炒豆腐，但如果能夠事先做起來，這種乾炒碎豆腐極其好用。

其外觀有如雞肉肉燥，口感則有如絞肉。因爲加了嫩薑和麻油調味，讓原本單調的醬油味有了濃郁的鮮味。可比肉燥飯般，只要將乾炒碎豆腐鋪在白飯上，或是加入肉丸、漢堡排的肉塊中，就十分美味。

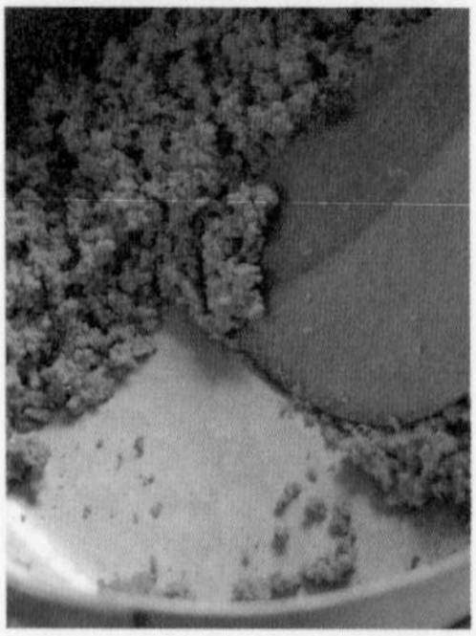

材料（方便製作的份量）

傳統豆腐1塊、等比例醬（參考P.55）90cc、麻油2小匙、嫩薑泥1塊的份量

作法

①將傳統豆腐放入冷凍庫中冰凍，再自然解凍。用力擠出水分後，以手搗碎。
②在鍋內倒入麻油，以中火拌炒搗碎的豆腐。待水分收乾，加入等比例醬和嫩薑泥，轉小火繼續拌炒。
③一直炒到以鍋鏟加壓也沒有汁液滲出後，便能離火。待降溫後放進冰箱冷藏，約可保存十天。

義大利香醋油蒸茄子

臺灣盛產季：5～12月

如果把茄子放進冰箱冷藏非常容易受損，因此我總是買回家後，便盡快煮來吃。這種義大利香醋油蒸罐裝食品，除了製作相當簡單外，也能和下酒菜搭配，十分方便好用。因此，這是我經常製作的鍾愛菜色。

羅勒的香氣與義大利香醋微微的酸味能促進食慾，就算是炎熱導致食慾不振的時候，也能吃得津津有味。如果能夠加入蒜泥、橄欖油、檸檬汁及一撮孜然，再用食物調理機拌打，將搖身一變成爲與葡萄酒極爲對味的佐醬。

材料（方便製作的份量）

茄子5條、橄欖油3大匙、鹽1/2小匙、義大利香醋4小匙、白葡萄酒醋1小匙、大蒜1瓣、紅辣椒1/2根、羅勒1根

作法

①茄子去皮、等長對半切開後，再縱切為4等份，泡水約三十分鐘。

②將橄欖油、大蒜、紅辣椒放入厚實的鍋子中，以小火慢熬，逼出大蒜的香氣。

③將鹽、義大利香醋、白葡萄酒醋加進鍋裡。待煮沸，放入瀝乾水分的茄子，攪拌後蓋上鍋蓋，以小火蒸煮約五分鐘。掀開鍋蓋加入羅勒拌勻，再蓋上鍋蓋蒸煮三分鐘，最後掀開鍋蓋，稍微收乾水分即可。

＊步驟①中的茄子皮可做成麻油炒茄子皮（參考P.162）。

油封秋刀魚

臺灣盛產季：8～12月

所謂油封，就是把經過處理的食材浸泡於油汁中，再以低溫慢火加熱烹調。即使是生鮮狀態下無法保存太久的秋刀魚，只要做成油封罐裝食品，便可在冰箱中保存兩個星期，而且口感還軟到連大魚骨都能直接吃下肚，屬於可補充鈣質的優質保久食品。

這道食譜並未使用太多香料，口味烹調得相當清淡，可用於日本料理的炊飯中，或是將秋刀魚表面煎至焦脆，佐蘿蔔泥和醋橘享用，都十分美味喔！如果看到了特價標售的秋刀魚，不妨多買一些，大啖秋天的美味。

材料（秋刀魚 6 尾的份量）

秋刀魚6尾、長蔥綠色部分1根的份量、洋蔥1/4顆、沙拉油適量

〈A〉粗鹽（計算秋刀魚去除魚頭與內臟後重量的2%）、日本酒2大匙

〈B〉大蒜（搗碎）2瓣、月桂葉1片、黑胡椒粒少許

作法

①秋刀魚去頭尾切成3等份。取出內臟，並將附著大魚骨上的血水清洗乾淨。瀝乾水分並搓抹〈A〉之後，鋪上切成薄片的長蔥與洋蔥，放進冰箱靜置一晚。

②取下洋蔥與長蔥、拭乾秋刀魚的水分後，放入厚實的鍋子裡。盡可能不要重疊魚身，然後放入〈B〉。

③倒入沙拉油直到剛好蓋過秋刀魚，再以文火烹煮，或是放進100度烤箱中加熱三到四小時。

④撈除浮於表面的雜質。放涼後，裝進乾淨的瓶罐中，放進冰箱保存即可。

秋刀魚山椒籽炊飯

材料（4 人份）

油封秋刀魚5塊、米2合（量米杯2杯）
〈A〉水340cc、日本酒2大匙、淡醬油1大匙、鹽1/3小匙、山椒籽1大匙

作法

①將米洗淨放在篩子裡。
②把米和〈A〉放進電鍋內鍋中拌勻。接著，泡水約三十分鐘後，再開始炊煮。
③將油封秋刀魚放進以中火熱過的平底鍋中，一邊以厚紙巾吸油，一邊將表面煎至焦脆。把煎好的秋刀魚放在厚紙巾上瀝油。
④待白飯煮好後，鋪上③的秋刀魚，蓋上電鍋鍋蓋再燜十分鐘。
⑤將秋刀魚弄碎拌勻後裝碗即可。

＊編按：山椒籽（日文為実山椒），為還未成熟、呈青綠色的山椒果實，可在日系超市購得。如果沒有山椒籽，可改用牛蒡絲一起炊煮，最後撒上嫩薑絲即可。山椒籽是採用去鹽的鹽漬品。
＊若是以土鍋炊煮，水量請增加一到二大匙。

秋刀魚茄子番茄沙拉

材料（2 人份）

油封秋刀魚2塊、茄子2條、番茄1顆、紫色洋蔥1/6顆、酸豆2小匙、蒔蘿（洋茴香）適量
〈A〉檸檬汁2小匙、橄欖油1大匙、鹽2撮、胡椒少許

作法

①使用烤架或平底鍋將油封秋刀魚的表面煎至焦脆。以烤架或烤網，燒烤整條茄子，然後去皮，連同番茄一起切丁。紫色洋蔥大略切末後，抹上少許鹽（另外準備）後，瀝乾滲出的水分。
②將〈A〉、茄子、番茄、紫色洋蔥放進調理盆內以手拌勻。
③試吃味道，以鹽調整口味後裝盤。放上油封秋刀魚，撒上酸豆與蒔蘿末，可一邊弄碎拌勻秋刀魚、一邊食用。

蘋果乾

臺灣盛產季：9～12月

每當收到美味的蘋果時，我總會心想：「有沒有可能直接利用這些蘋果的美味，做出有利保存的點心？」結果，在某次機緣下，就做出這種蘋果乾。

市售的蘋果乾多半添加了砂糖，但是這種蘋果乾則是加了檸檬和少量的鹽，提引出蘋果本身的甜味，因此無須再放糖。因爲是蒸煮蘋果後產生的湯汁，再次浸煮蘋果後才予以乾燥，所以能品嚐到蘋果的濃縮美味。我建議採用的蘋果品種爲紅玉、富士、王林，而且一定要使用新鮮的蘋果喔！

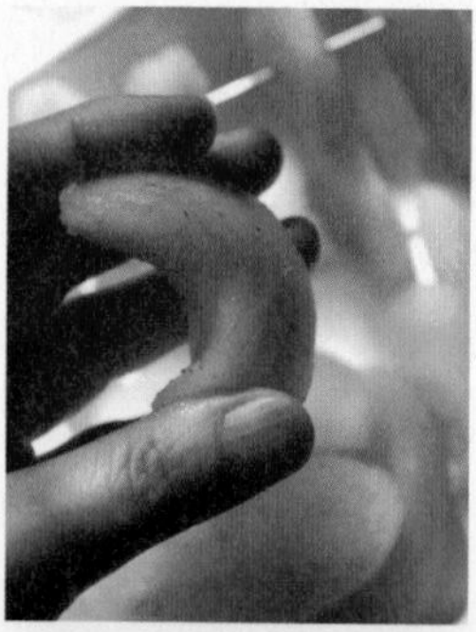

材料（方便製作的份量）

蘋果2顆
〈A〉檸檬汁1大匙、嫩薑汁1小匙、肉桂粉1/8小匙、鹽少許

作法

①蘋果去皮去核，切成等分8片。
②將〈A〉與蘋果放入厚實的鍋子中，拌勻後開火烹煮。待煮沸起煙後，蓋上鍋蓋，用小火繼續加熱約三分鐘。
③掀開鍋蓋，約略攪拌一下、再次蓋上鍋蓋，繼續加熱三到五分鐘。待蘋果變軟後，掀開鍋蓋，以大火收汁。
④將蘋果鋪排於調理盤上降溫。再將蘋果串上串籤，約風乾兩天。裝進乾淨的瓶罐中並放入冰箱冷藏，約可保存一個月。

*將〈A〉改以檸檬汁1大匙、香草豆莢1/3根、鹽少許來替代，也十分美味。

反烤蘋果塔果醬

每年一到蘋果的產季，我就會製作反烤蘋果塔（Tarte Tatin，經典的法式甜點）。因爲是以簡單的材料製作，可直接品嚐到蘋果的美味，吃再多也不嫌膩。不過，如果將反烤蘋果塔做成果醬，是否好吃呢？於是，我將蘋果切成小塊，以製作反烤蘋果塔的要領進行試做，結果就做出此道果醬。事實上，我只是用煮焦砂糖做成的焦糖來熬煮蘋果，然後煮到收汁而已。

可以把反烤蘋果塔果醬抹在塗了奶油的吐司上食用，或是在原味餅乾上先塗以白乳酪，再抹上反烤蘋果塔果醬品嚐，都十分美味喔！

材料（方便製作的份量）

蘋果（去皮去核）900g、砂糖360g、香草豆莢1/2根、奶油40g、檸檬汁1～2大匙

作法

①蘋果切成等分8等份，再切成厚8mm小丁。以菜刀縱向刺入香草豆莢取籽。

②將砂糖300g和奶油放進厚實的鍋子中，以中火烹煮。待砂糖開始溶解且變色後，搖晃鍋子讓砂糖完全溶解。

③等到整鍋呈褐色且稍微開始起煙，再放進蘋果約略攪拌，加入香草豆莢的外莢與籽，以小到中火熬煮約十分鐘。接著，放入剩下的砂糖和檸檬汁，繼續熬煮十到二十分鐘。趁熱裝進乾淨的瓶罐中，並放入冰箱冷藏；如果經過脫氧，常溫中約可保存一年。

煨四素

這道罐裝食品因為放了香菇、蓮藕、牛蒡、紅蘿蔔等四種蔬菜，所以我取名為「煨四素」。是一道可以直接配白飯吃的料理，十分適合用來變化菜色。

若你要用於變化菜色時，必須知道煨四素本身味道已相當足夠，因此建議選用味道清淡的食材來搭配。變化菜色最簡單的方式，就是連同芝麻與魩仔魚一起拌入醋飯中的散壽司，若能佐以蛋皮絲和紅薑，可提升美味。此外，還能搭配馬鈴薯做成可樂餅，或是搭配豆腐做成炒豆腐，甚至可以搭配雞絞肉做成肉丸，用途相當廣泛。

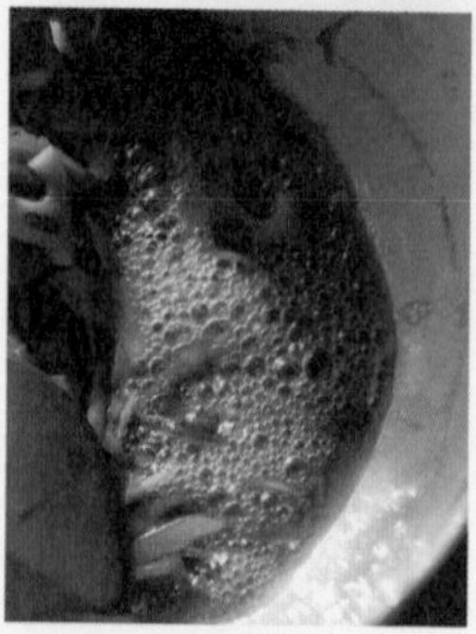

材料（方便製作的份量）

乾香菇5朵（以2杯水泡發）、蓮藕及牛蒡各150g、紅蘿蔔100g、日本酒3大匙、砂糖1又1/2大匙、醬油3大匙

〈A〉味醂2小匙、醋1小匙

作法

①乾香菇切成薄片；牛蒡切絲；蓮藕先縱切成六到八條，再切成厚3mm的大小。紅蘿蔔切成厚2mm的短片狀。

②將泡發乾香菇的湯汁、日本酒、砂糖放進鍋內，再加入乾香菇與牛蒡，以大火烹煮，然後轉中火烹煮約五分鐘，撈除雜質。

③加進醬油、紅蘿蔔、蓮藕。然後，以偏強的中火烹煮，待湯汁大約少了一半後，加入〈A〉繼續烹煮。

④待湯汁所剩不多、且出現光澤時，則起鍋鋪排於調理盤上等待降溫。最後，裝進乾淨的瓶罐中並放進冰箱冷藏，約可保存十天。

四素可樂餅

材料（方便製作的份量）

馬鈴薯3顆、青蔥1根、奶油10g、煨四素1杯、鹽少許、低筋麵粉適量、雞蛋1顆、麵包粉適量、炸油適量

作法

①青蔥切小段；將蛋液打散；馬鈴薯帶皮水煮至串籤能刺穿的程度後，將皮剝除。
②馬鈴薯趁熱放進調理盆以餐叉搗碎，加入青蔥、奶油、煨四素拌勻，以鹽調味後成圓柱型。
③將低筋麵粉拍裹於②上、裹上蛋汁，再撒上麵包粉。
④將油加熱至180度，放入③炸至焦黃適中即可。

炒豆腐

材料（方便製作的份量）

傳統豆腐1/2塊、青蔥1根、煨四素1/2杯、醬油肉燥（參考P.56）2大匙、醬油1小匙、雞蛋1顆、鹽及砂糖各適量、麻油及沙拉油各1小匙

作法

①以厚紙巾包住豆腐，然後輕放醬菜石充分壓乾水分。將蛋液打散，加入一撮鹽和砂糖拌勻。青蔥斜切。
②平底鍋以中火加熱，倒入麻油和沙拉油，放進搗碎的豆腐拌炒。
③待水分稍微收乾、倒入醬油，並放入醬油肉燥、煨四素、青蔥拌炒。最後，全面淋上蛋汁繼續翻炒，以鹽或醬油調味即可。

淺漬醃菜

此道菜餚是以昆布的鮮味進行醃漬，不讓食材發酵的淺漬類醃菜。由於酸味溫和，即使不愛吃酸的人，也能像吃沙拉般地入口品嚐，因此頗受好評。

因爲能保存十天左右，所以只要大量醃製存放，就算忙到無法準備多道菜色，也能立即開飯，相當好用。而且作法十分簡單，所以我通常會將冰箱裡零星、剩餘的蔬菜湊合起來，下廚做飯時就順便醃製。諸如白蘿蔔、高麗菜、小黃瓜、蘘荷等，大家不妨從個人喜好的蔬菜中，選出適合淺漬的食材，試著做成醃菜看看吧！

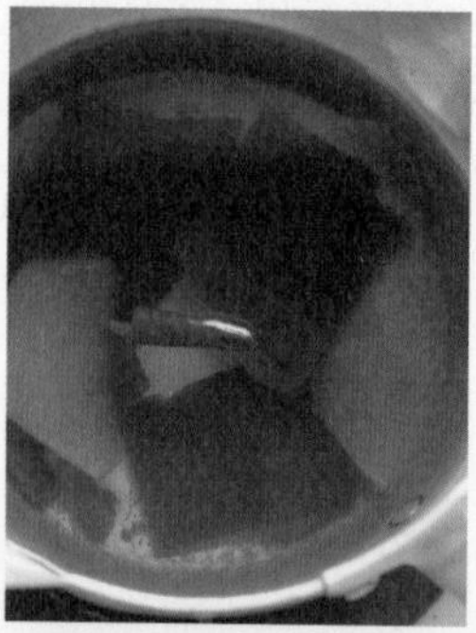

材料（方便製作的份量）

大頭菜（蕪菁）2顆、紅蘿蔔1根、花椰菜1/2顆、紅菜頭1/2根

〈A〉水2杯、郵票大小的昆布6片、紅辣椒（去籽）1根、嫩薑片5片、鹽2小匙、砂糖1小匙、醬油2小匙、醋1大匙

作法

①將〈A〉所用材料放入鍋中，靜置約一小時備用。
②蔬菜洗淨且瀝乾水分，切成方便食用的大小。
③將②的蔬菜盡可能毫無縫隙地裝進乾淨的瓶罐中。
④以小火烹煮①，慢火加熱、直到快要煮沸時，關火倒入③中。待降溫後，放進冰箱冷藏，靜置一晚後即可食用，約可保存一個星期。

煨蘑菇

臺灣盛產季：12～3月

蘑菇水分含量高，所以容易受損。但是，只要經過加熱的程序、釋出水分，將可長時間享用個中美味。

將蘑菇炒透，加入大蒜、玉米的甜味及奶油的香醇，再以少量的義大利香醋充分提味，將可做出凝縮蘑菇鮮味的煨蘑菇。

由於這種罐裝食品和乳製品極為對味，十分建議與鮮奶油搭配。此外，如果加了番茄醬，味道將變得無比濃郁，而搭配歐姆蛋及淋醬也非常合適。即使綜合了不同的菇類來製作，同樣能美味上桌喔！

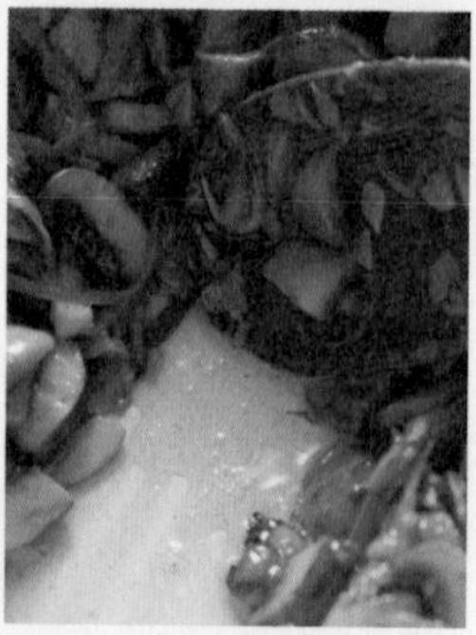

材料（方便製作的份量）

蘑菇500g、大蒜1瓣、洋蔥1/2顆、橄欖油3大匙、白葡萄酒50cc、奶油20g、鹽1又1/2小匙、義大利香醋2小匙

作法

①大蒜切末，蘑菇和洋蔥切成薄片。

②將橄欖油和大蒜放進厚實的鍋子中，以小火烹煮，再將洋蔥下鍋，一直炒至變透明為止。

③加進蘑菇和鹽繼續拌炒，待呈溼潤狀，倒入白葡萄酒和義大利香醋，以偏強的中火翻炒收汁，然後加入奶油。

④水分變少後，轉偏弱的中火慢炒。待收乾水分，滲出油汁且降溫，再以食物調理機打碎。裝進乾淨的瓶罐中並放入冰箱冷藏，約可保存兩個星期。

鹹豬肉奶油蘑菇義大利麵

材料（2 人份）

鹹豬肉（參考P.59）80g、煨蘑菇4大匙、無鹽奶油20g、鮮奶油1/2杯、筆管麵160g、橄欖油1小匙、帕瑪森乾酪適量、鹽及黑胡椒各少許

作法

①在鍋內燒滾大量開水後加鹽，烹煮筆管麵。
②將橄欖油倒入以中火熱過的平底鍋中，翻炒切成絲的鹹豬肉。
③鹹豬肉炒熟後，放入煨蘑菇、無鹽奶油及鮮奶油，以中火烹煮至奶油融化。
④加入煮得稍硬一些的筆管麵、以及湯勺一到二匙份量的煮麵汁，一邊搖晃平底鍋、一邊讓醬汁入味至筆管麵中。
⑤以鹽稍加調味後盛盤，然後撒上帕瑪森乾酪與黑胡椒即可。

＊也可用培根替代鹹豬肉烹製。此外，由於最後會撒上帕瑪森乾酪，所以調味時最好減少鹽的用量。

蘑菇鮮濃湯

材料（2 人份）

煨蘑菇2大匙、牛奶150cc、巴西里（切末）少許、鹽及胡椒各少許

作法

①以攪拌器攪打煨蘑菇與牛奶，待質地變得滑潤後，放入鍋內加熱。
②再以鹽、胡椒調味後盛盤，撒上巴西里即可。

楓糖胡桃抹醬

晚秋時節，總讓人很想嚐一嚐口味濃郁的美食，因此我會以楓糖漿搭配胡桃做成抹醬。

只要把胡桃研磨至質地滑潤的程度，倒入熬煮到收汁的楓糖漿和胡桃油，再加入非常少量的鹽即可。含一口在嘴裡，秋天的香氣瞬間撲鼻而來。

雖然，胡桃外層的薄皮帶有澀味，但若將其撕下，將失去胡桃特有的風味。因此，我採用的胡桃通常只撕下預烤後可輕鬆剝除的外皮。此外，以蜂蜜取代楓糖漿製作也相當可口喔！

材料（方便製作的份量）

胡桃100g、楓糖漿70g、鹽1撮、胡桃油2大匙

作法

①將胡桃放進150度的烤箱中，約烤十五分鐘。趁胡桃還熱時，戴上橡膠手套或工作手套，以指尖盡可能搓除薄皮。

②將楓糖漿倒入鍋中後開火烹煮，直到收汁變成糊狀為止。

③以研磨缽搗碎胡桃，加入鹽、煮到收汁的楓糖漿和胡桃油，一直磨到質地變得滑潤為止。裝進乾淨的瓶罐中並放入冰箱冷藏，約可保存兩個月。

＊如果沒有胡桃油，也可以採用沒有油耗味的沙拉油或葡萄籽油。

MAPLE SYRUP

中式胡桃醬炒雞絲小黃瓜

材料（2 人份）

燙雞肉（參考P.58）1片、小黃瓜1條、白蔥絲適量、香菜適量、鹽適量
〈A〉楓糖胡桃抹醬1又1/2大匙、醋2小匙、醬油1大匙、辣油1/2小匙、鹽1撮

作法

①小黃瓜切為3等份，以研磨棒拍碎成方便食用的大小後，用一撮鹽輕輕搓抹，待出汁、再以厚紙巾包住吸乾水分。
②將〈A〉拌勻製成醬汁。把汆燙過的雞肉去皮後，配合小黃瓜的大小以手撕開。
③把汆燙過的雞肉、小黃瓜、醬汁放進調理盆中拌勻，盛盤後再鋪上白蔥絲和香菜即可。

胡桃貓舌餅

材料（方便製作的份量）

楓糖胡桃抹醬40g、奶油30g、細砂糖30g、蛋白38g（大顆雞蛋1顆的份量）、低筋麵粉30g

作法

①將楓糖胡桃抹醬和回復至室溫的奶油放進調理盆中，以打蛋器攪拌，直到變成滑潤的奶油狀為止。
②加入細砂糖繼續攪拌，接著加入打好的蛋白持續拌勻，直到質地變得滑潤。
③將低筋麵粉倒入麵粉篩中過篩後撒入，避免結塊。
④裝進擠花袋中，在鋪有烘焙紙的烤盤上，以大約5cm的長度擠出，然後放進用170度預熱過烤箱約烤十分鐘。待烤至邊緣呈褐色，且中心略顯焦黃色即可出爐。放涼後，即能裝罐保存。

＊即使剛烤好的成品稍軟，冷卻後就會變得脆硬。如果尚未烤透，請以約100度的低溫烤箱延長烘烤時間。

column 6

隨時保養，愛惜使用

只要是我愛用的器具，總習慣隨時保養，以便長久使用，像是橄欖木材質的砧板就是其中之一。雖然已經用了十年，但因硬度適中，不僅不易受損，即使菜刀切剁，仍保持良好狀態，感覺相當不錯，品質非常優良。不過，縱然頗具硬度，長期使用後，中間區塊還是稍微被剁薄了一些。因此，約在四年前，我曾經刨磨過這塊砧板。雖然厚度少了一些，但細痕全被清除乾淨，搖身一變就像新的一樣。

如果菜刀變鈍了，作業效率與料理的完成度就會變差，所以我會經常研磨。雖然磨菜刀並不簡單，但多磨幾次就能掌握要領。當然送去給專業師傅研磨，肯定能變得更加鋒利，不過我習慣平時自己稍微磨一下，然後每隔一、兩年再請專業師傅幫忙修整刀刃。

不光是砧板和菜刀而已，所有的器具只要每天使用，就能愈用愈順手，所以我會隨時保養，希望能長久使用下去。

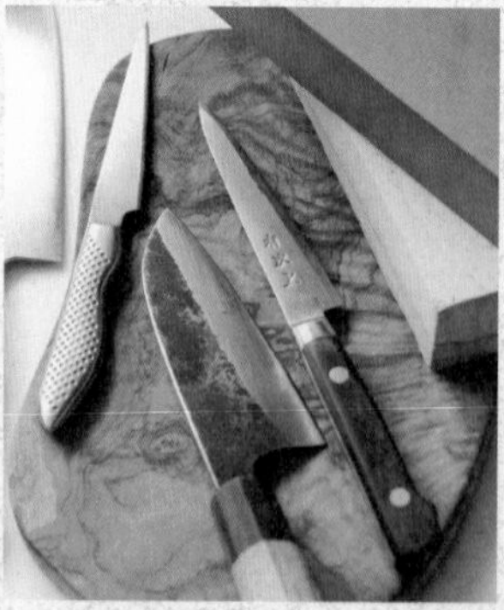

完美收尾的食譜
毫不浪費的八道菜

將過去曾經丟棄的部分，
變成美味菜餚或點心的
完美收尾食譜。
直到最後都沒有一絲浪費的巧妙運用！

01 廚餘蔬菜湯

烹調過程中產生的蔬菜蒂頭或外皮，或是通常會丟棄的部分等食材，都可以毫不浪費地加以利用做成湯品。雖然使用現有的蔬菜就可以，但若能加些洋蔥或西洋芹等約兩種香草類蔬菜，將能烹煮出鮮美滋味。當蔬菜的份量較少時，則可加入昆布或月桂葉等增添風味。

材料（方便製作的份量）

蔬菜蒂頭、葉、皮、籽等1碗公；水1L；日本酒2大匙；鹽1小匙

作法

①將蔬菜、水、日本酒、鹽放入鍋內開火烹煮，待快要煮沸時，轉小火續煮三十到四十分鐘。放涼後，以鋪有濾布的篩子過篩，然後倒入保存罐中放進冰箱冷藏，約可保存四到五天。

02 梅子燉沙丁魚

我把原本以醃梅做成的「梅子燉沙丁魚」，改以「梅子沙瓦」（P.76）的梅子來做，結果做出充滿果香的風味。由於梅子的香氣，能將沙丁魚的腥味輕柔地包覆起來。我想即使是不愛吃魚的小朋友，也肯吃了吧！

因爲沙丁魚油脂豐厚且不易入味，所以燉好以後，就繼續蓋著防溢蓋放涼。

冷卻的過程中，將變得愈來愈入味。此外，梅子沙瓦的梅子和醬油十分對味，因此也能運用於東坡肉或燉雞肉等菜色中。

材料（方便製作的份量）

沙丁魚5尾

〈A〉水150cc、日本酒50cc、醬油2大匙、梅子沙瓦的梅子3顆、梅子沙瓦2小匙、砂糖2小匙

作法

①沙丁魚去鱗並切除魚頭，取出內臟後洗淨魚腹內部。

②將〈A〉放進寬底鍋或平底鍋中煮沸，然後將拭乾水分的沙丁魚避免重疊地鋪排鍋內。

③以鋁箔紙或烹調用紙覆蓋表面，然後小火烹煮約十到十五分鐘，待滷汁出現光澤後即可關火。

03 梅子酸甜醬

以「梅子沙瓦」（P.76）醃漬過的梅子，無論是直接食用還是做成果醬，都十分美味。不過，我喜歡把它做成印度料理中用來提味的酸甜醬。

只要在經過熬煮篩濾的梅子當中，加入嫩薑、香料等，熬煮至糊狀即可。

燉煮咖哩等辛香類料理時，如果能夠加進充滿果香的梅子酸甜醬，則具有提味的效果。除此之外，梅子酸甜醬也可當作燒烤豬、雞肉時的醬料，或是搭配奶油乳酪做為法式長棍麵包的佐料，甚至當成葡萄酒的下酒菜，都十分美味喔！

材料（2人份）

梅子沙瓦的梅子800g、梅子沙瓦150cc、嫩薑（大）1塊、砂糖100g、鹽1/2小匙

〈A〉豆蔻5粒、黑胡椒粒1/2小匙、丁香5粒、拇指般大小的肉桂1個

作法

①豆蔻破殼取出黑籽，和黑胡椒粒一起磨碎。嫩薑切絲。

②把梅子沙瓦的梅子和梅子沙瓦放入鍋內開火烹煮。待煮爛後，以網孔較大的篩子過篩，將果肉和籽分開。

③將〈A〉放進厚實的鍋子中，以小火拌炒。待炒香後，加入果肉、嫩薑、砂糖及鹽，一邊以鍋鏟攪拌、一邊以小火煮約二十分鐘。取少量滴入冷水中，凝固的話即可起鍋。裝進乾淨的瓶罐中並放入冰箱冷藏，如果經過脫氧，常溫中可保存一年。

04 麻油炒茄子皮

把製作「義大利香醋油蒸茄子」(P.132)時剝下來的茄子皮，以麻油快炒，做成韓式涼拌菜。茄子皮剝得厚一點的話，做出的韓式涼拌菜會較爲美味。

此外，還可依個人喜好，加入少量的醬油或韓國辣椒也不錯。

材料（方便製作的份量）

茄子皮5條的份量、麻油2/3小匙、水1大匙、蒜泥少許、鹽1撮、白芝麻少許

作法

①將茄子皮、麻油、水放入鍋內，以中火炒至軟爛。
②以蒜泥和鹽調味，然後撒上芝麻即可。

05 甜煮香菇

由於可當作配料加入散壽司、炊飯及麵類之中，用途相當廣泛。因此，每當製作「麵線醬」（P.90）時，我一定會一起烹煮備用。

這種甜辣口味的煮香菇，如果放進冰箱冷藏，約可保存十天；若採用冷凍的方式，則可保存兩個月。

材料（方便製作的份量）

製作麵線醬的乾香菇5朵、熬製好麵線醬高湯的昆布和柴魚乾、水2杯
〈A〉砂糖2小匙、醬油1大匙

作法

①香菇切為薄片。將熬製好麵線醬高湯的昆布和柴魚乾、水放入鍋內開火烹煮。以小火熬煮約十分鐘後，舀取高湯過濾。
②將①的高湯1杯和〈A〉、乾香菇放進鍋內，以小火烹煮並蓋上防溢蓋，直到鍋底只剩少量湯汁。

06 杏仁蛋糕

將法式甜點金磚蛋糕的食譜加以變化，所烤出的杏仁蛋糕是以磅蛋糕型態完成。杏仁的香氣和焦化奶油的風味，美味到讓人一吃就上癮。若想烤出磅蛋糕這種尺寸，需要三到四顆雞蛋的蛋白。因此，當有多餘的蛋白時，可先冷凍起來，待累積到足夠的份量，便可解凍使用。蛋白中若含有水分及油分將不利打發，解凍時務必在冰箱中讓其慢慢解凍，再取出使用。

而焦化奶油的作法，則是將奶油放入小鍋子中開火烹煮，待奶油呈焦黃後，把鍋底浸泡水中急速冷卻即可。我建議在烤好的蛋糕上，用刷子塗刷白蘭地後、包覆保鮮膜，靜置一晚再來享用。如此一來，將可增添風味，口感更顯滋潤。

材料（24cm×9cm 磅蛋糕模 1 個的份量）

蛋白130g、無鹽奶油120g、低筋麵粉100g、杏仁粉40g、鹽1撮、砂糖120g、杏仁片適量

作法

①取一半的奶油做成焦化奶油後予以降溫。同時，烤箱以180度預熱。
②混合低筋麵粉、杏仁粉和鹽之後過篩。砂糖取1/3的份量加入蛋白中，做成固型蛋白霜。
③於室溫中軟化的奶油和剩下的砂糖一起攪拌，待質地變得滑潤後，加入焦化奶油上層清澈部分繼續攪拌。用橡皮刮刀倒入過篩後的粉類材料，持續攪拌避免結塊。蛋白霜分三次加入，一直攪拌至可輕鬆拌開為止，倒入鋪有烘焙紙的模型中，撒上杏仁片，以170度烘烤四十到五十分鐘。刺入串籤，若無任何沾黏物的話便可出爐，放在網上冷卻即可。

07 杏仁蛋白霜餅乾

每當想要用完少量蛋白時，我常會烘烤微微飄著杏仁與肉桂香氣、具有清脆口感的蛋白霜餅乾。它與咖啡、紅茶極爲對味，十分適合拿來當作茶點。

在這道食譜中，雖然要求把蛋白霜倒入加裝了花嘴的擠花袋中擠出小花，但其實可利用兩支湯匙在烤盤上滴出小圓點。只不過花嘴或圓點萬一太大，蛋白霜將不易乾燥，因此務必做得薄一點或小一點以利烘烤。蛋白霜餅乾容易受潮，最好能裝進密封罐中（附乾燥劑更佳）保存。此外可依個人喜好，撒些肉桂粉也不錯。

材料（方便製作的份量）

蛋白1顆的份量、砂糖50g、杏仁粉25g、肉桂粉1/3小匙

作法

①在烤盤中薄層鋪上杏仁粉，放入120度烤箱中烘烤五到十分鐘。然後連同肉桂粉，一併以網孔較大的篩子過篩備用，避免有結塊的顆粒摻雜其中。
②將蛋白與1/4份量的砂糖放進無水、無油的調理盆中，以手持式攪拌器打至發泡。過程中，將剩餘的砂糖分三次加入，待成功打出蛋白霜，再加入①拌勻。
③倒入安裝著星型擠花嘴的擠花袋中，在鋪了烘焙紙的烤盤上擠出小花。
④放進以120度預熱的烤箱中烘烤三十到四十分鐘後，連同烘焙紙一起放涼，最後裝罐保存即可。

08 香味油

當手邊剩餘長蔥的綠色部分時，可以製作成香味油。由於青蔥的香氣與甜味全溶入油汁中，在煎烤肉類和魚類、炒菜或烹煮拉麵時，若滴進一滴，將可更添風味，十分方便。

此外，加入紅辣椒、肉桂、八角、花椒做成辣油，也十分美味喔！

材料（方便製作的份量）

長蔥綠色部分2根的份量、大蒜芽及底部堅硬處或外皮2～3瓣的份量、嫩薑外皮2～3塊的份量、沙拉油1杯

作法

①長蔥切成較大的蔥末。
②將全部材料放入沙拉油中，以小火烹煮約二十分鐘。待長蔥所含水分完全釋出，變成蔥乾狀之後，放涼且過濾。然後，裝進乾淨的瓶罐中即可。常溫中可保存三個月，放進冰箱冷藏則可保存半年。

第4章

冬天的罐裝常備菜

滋補身心的美味

香料糖煮水果乾

每當冰箱裡有無花果、李子等零星剩餘的水果乾時，我就會製作成糖煮水果。加進白葡萄酒和香料，搖身一變成風味相當多元的糖煮水果乾。可當作冰淇淋或優格的佐料，或是倒入熱開水變成熱飲，都十分美味。

此外，也能運用於料理上。我比較推薦，可加進熬煮作法的料理中，或是搭配洋蔥做成酸辣醬。雖然外觀看起來就像炒洋蔥，但其實卻宛如伍斯特醬（一種英國辣味黑醋），味道極富層次感，和豬肉、雞肉的對味程度堪稱一流。

材料（方便製作的份量）

無花果乾及李子乾（無籽）各120g、白葡萄酒及水各500cc
〈A〉檸檬片8片、嫩薑片10片、砂糖200g、拇指般大小的肉桂1個、豆蔻5粒、丁香6粒

作法

①以餐叉在無花果上刺出數個小孔。
②將白葡萄酒、水、無花果、李子放入鍋內開火烹煮，待煮沸後以小火約煮二十分鐘。
③待無花果膨脹後，加入〈A〉熬煮二十到三十分鐘後，趁熱裝進乾淨的瓶罐中。放進冰箱冷藏，約可保存一年。如果經過脫氧程序，則常溫中約可保存一年。

＊以水和白葡萄酒熬煮時，須等水果乾變軟後再加入砂糖。如果沒有香料，只用嫩薑和檸檬也無所謂。

洋蔥水果乾酸辣醬

材料（方便製作的份量）

洋蔥1/2顆；西洋芹（莖部）20cm；大蒜、嫩薑（切末）各1瓣的份量；橄欖油2大匙；鹽1小匙；鹹豬肉（參考P.59）、馬鈴薯、紅蘿蔔各適量

〈A〉糖煮李子及糖煮無花果各2顆、糖煮糖漿3大匙、水2大匙、鷹爪辣椒（連籽一併切末）1/2根、白葡萄酒醋2大匙

作法

①洋蔥與西洋芹切薄片，糖煮無花果與李子切末。
②將橄欖油倒入以中火熱過的平底鍋中，放入大蒜、嫩薑、洋蔥、西洋芹、鹽拌炒。
③待呈焦黃色後加入〈A〉，以小火炒至水分收乾、並呈黏糊狀。
④將鹹豬肉、馬鈴薯、紅蘿蔔切成方便食用的大小。把橄欖油（另外準備）倒入平底鍋煎煮，最後加上酸辣醬即可。酸辣醬應裝進清潔的瓶罐中並放入冰箱冷藏，約可保存兩個月。

＊編按：鷹爪辣椒帶有麻辣味，因外型有鉤起形狀而得名。

紅茶水果乾杯子蛋糕

材料（方便製作的份量）

雞蛋1顆、無鹽奶油60g、砂糖70g、糖煮水果乾（無花果、李子各1顆；檸檬、嫩薑各2片）約50g、紅茶葉2小匙、胡桃碎屑少許
〈A〉低筋麵粉100g、泡打粉1小匙、鹽1撮

作法

①奶油和雞蛋回復至常溫；烤箱以170度預熱備用。將〈A〉混合過篩，紅茶葉放進研磨缽中磨成粉末。糖煮水果乾剁碎。
②把奶油與砂糖放入調理盆中，以打蛋器拌勻，再加入雞蛋繼續攪拌至呈糊狀。最後，加入水果乾和紅茶葉拌勻。
③將過篩好的〈A〉加入②之中，以橡皮刮刀如切剁般地約略攪拌。
④將③倒入杯子蛋糕模至3/4左右的高度，接著埋入胡桃碎屑，以170度的烤箱烘烤二十五到三十分鐘即可。

肉醬罐頭

有一次我動手做著鄉村肉醬，準備拿來當作歲末年初大餐的菜色時，突然靈光一閃，結果就做出此道肉醬罐頭。只要分成數小份裝罐，即使是兩人世界，也能吃完一小份。而且脫氧之後有利保存，十分方便好用。

除了能當成受邀參加派對時的伴手禮外，將肉醬罐頭、西式醃菜、麵包一起包進布巾裡，然後帶到公園野餐，也十分有趣呢！由於絞肉的鮮度容易變差，因此我都是採用整塊肉來製作。若是沒有食物調理機，不妨先請肉店大略絞過肉塊以便使用。

材料（300cc 瓶罐 3 個份）

豬腿肉和五花肉（肉塊）各200g、雞肝100g、大蒜1瓣、蛋白1顆的份量、鹽水漬綠胡椒1又1/2小匙、百里香3支、月桂葉3片、豬油3大匙
〈A〉白蘭地1大匙、法國綜合香料1/4小匙、鹽7g

作法

①大蒜切末，豬肉和雞肝切成2cm小丁。
②將①和〈A〉裝入塑膠袋中，放進冰箱靜置一晚。
③將②與蛋白以食物調理機拌打，待只剩一些肉塊時取出。加入綠胡椒拌勻，然後裝入經過煮沸消毒的瓶罐中六分滿，並使表面平整。放上月桂葉和百里香，接著再倒入融化後的豬油。
④蓋上瓶蓋且放入鍋內，加水直到剛好蓋過瓶罐，然後開火烹煮。煮沸後，改以小火烹煮一小時。待降溫後放進冰箱冷藏，約可保存一個月。

＊編按：綠胡椒除了用鹽水或醋醃漬，或以冷凍乾燥的方式製成。

精力餅乾

這是爲了稍感飢餓時可簡單食用所做出來的健康零嘴，不同於穀物餅乾的輕脆口感，這種餅乾吃起來相當有嚼勁。平時可放一些在包包裡，萬一沒有時間用餐或感到疲倦時便可取出食用，即使只吃一片也能得到飽足感。或許是天然的甜味有助消除疲勞，只要吃了這種餅乾便能精神百倍，因而命名爲「精力餅乾」。

此外，也可以裸麥粉取代全麥粉，或以蜂蜜取代楓糖漿，變化不同材料製作。請設法運用家裡現有食材，試著做做看吧！

材料（方便製作的份量）

〈A〉葡萄乾60g、蔓越莓乾30g、杏乾30g、燕麥片150g、全麥粉100g、紅糖50g、胡桃60g、鹽1/2小匙

〈B〉葡萄籽油60g、楓糖漿3大匙

作法

①以食物調理機將〈A〉打碎。

②把〈B〉加入①之中，攪拌至用手握起來能夠結塊為止。

③將②鋪排於墊了烹調用紙的調理盤上，並蓋上保鮮膜，然後以相同大小的調理盤從上方壓住。

④取下③的保鮮膜，放進以140度預熱的烤箱中烘烤二十分鐘。連同烤盤一併取出，以菜刀或切麵板切成24等份。

⑤再次放進烤箱，以140度烘烤約三十分鐘後，連同烘焙紙一併放在網子上放涼即可。

中式醃蘿蔔

臺灣盛產季：11～12月

這道醬菜是我吃某家小籠包名店的醬油醃蘿蔔時，得到靈感做成的。不過，那家店的口味相當甜，所以我的食譜特別減少砂糖的用量。白蘿蔔如果帶皮醃製將頗具嚼勁。建議事先查看氣象預報，把握連續三天無雨乾燥的日子，有助白蘿蔔風乾至具有彈性，這是醃製這道醬菜的首要關鍵。

此外，醃製用的酒類若不用日本酒，而是完全採用紹興酒的話，口味將更爲道地。反之，如果不用紹興酒而是採用日本酒，則變得容易入口。請依個人喜好，自行調整吧！

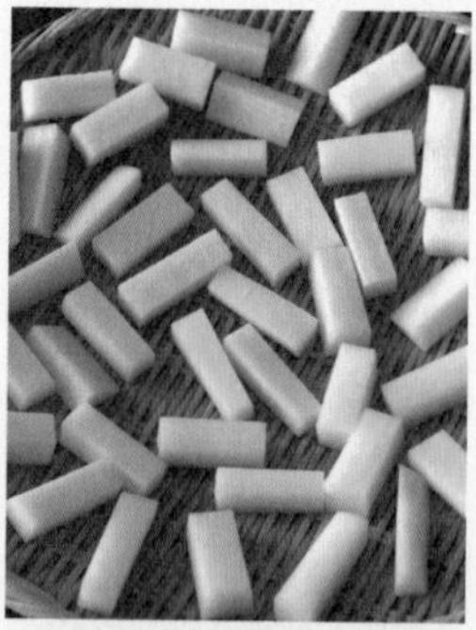

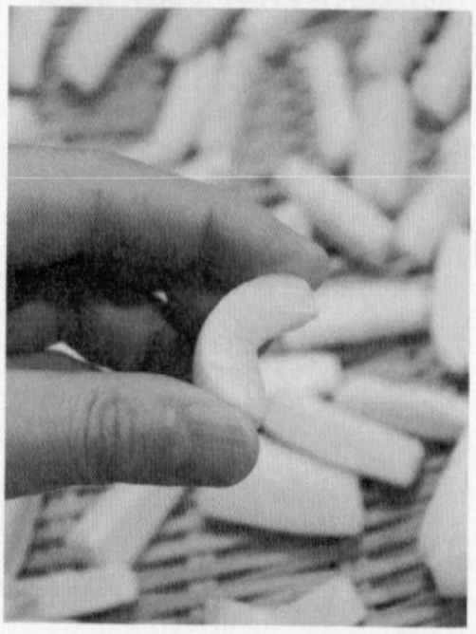

材料（方便製作的份量）

白蘿蔔20cm、大蒜1瓣
〈A〉醬油5大匙；紹興酒、日本酒、砂糖各2大匙；
紅辣椒1/2根；花椒2小匙

作法

①白蘿蔔切成長5cm、寬1.5cm條狀，鋪排於篩子上，風乾二到三天直到變軟為止。
②大蒜大略切過，加進〈A〉拌勻後，將風乾好的白蘿蔔醃漬其中，約於第二天便可食用。裝進乾淨的瓶罐中並放入冰箱冷藏，約可保存一個月。

＊如果沒有花椒可省略不用。

紅燒KOKO

「KOKO」好像是北海道方言，意指魚卵。來自北海道的老公總是這樣說魚卵，結果聽久了以後，不知不覺中，我也開始把魚卵說成KOKO了。

製作時，會先將切成大塊的魚卵汆燙，然後用加了味醂的甜味滷汁慢慢煨煮，成品和日本酒非常對味，個中美味令人不禁痛快暢飲。想當然耳，這道「御萬歲」也十分下飯。雖然煨煮的過程中，魚卵愈煮愈爛，但不妨用湯匙撈起來吃個精光吧！如果把切成條狀的白蘿蔔一起下鍋煨煮，魚卵的鮮味將滲入其中，相當美味。

材料（方便製作的份量）

生鮮鱈魚子200g

〈A〉水及日本酒各1/2杯、味醂及醬油各2大匙、嫩薑（切絲）1塊

作法

①生鮮鱈魚子切成約2cm大塊，放在附孔的湯瓢中，浸泡沸水大約五秒，當呈開花狀則放到篩子裡備用。

②把〈A〉放入鍋內開火烹煮，煮沸後將①下鍋，再以鋁箔紙等用品覆蓋，轉小火煨煮約十分鐘，待放涼且入味後即可食用，約可保存四到五天。

＊這道食譜中所用的生鮮鱈魚子，是黃線狹鱈的魚卵，日文稱為「助子」。如果以另一種被稱為「真子」，也就是既大又黑的大頭鱈魚卵來烹製，亦十分美味。

香味肉燥

這是一種加了長蔥、嫩薑、大蒜三種香料蔬菜所做成的肉燥味噌。由於具有濃厚的甜辣味，可如小菜般放在白飯上享用，也可放在汆燙過的蔬菜上品嚐。吃起來似乎和味道單一的菜餚最爲對味。

如果有了這種罐裝食品，可加進燙好的烏龍麵中，和雞蛋一起拌勻，做成蛋拌烏龍麵。也能和生菜一起放在白飯上，做成沙拉飯等。諸如此類，你就能立即做出一道麵食或飯類，即使忙碌也能輕鬆下廚。此外，以柴魚高湯沖泡炒好的韭菜和香味肉燥做成湯汁，然後放進中式麵條做成和風拉麵，味道也很不錯。

材料（方便製作的份量）

豬絞肉300g、長蔥1根、嫩薑1塊、大蒜1瓣、沙拉油2大匙

〈A〉砂糖1大匙、日本酒2大匙、醬油3大匙、味噌5大匙

作法

①長蔥、嫩薑、大蒜切末。
②將沙拉油、嫩薑、大蒜放入平底鍋中，以小火慢煮。待嗆鼻味消失後，加入長蔥，一直拌炒至軟爛為止。
③在鍋中加入絞肉輕炒，然後放入〈A〉並溶入味噌，以中火一邊收汁、一邊拌炒。當完全收汁、同時滲出清澈的油汁後，便離火。
④待放涼且油汁凝固後，先攪拌一下，再裝進乾淨的瓶罐中並放入冰箱冷藏，約可保存兩個星期。

味噌白蘿蔔

材料（2人份）

白蘿蔔8cm、昆布5cm、香味肉燥適量、柚子皮（切絲）少許、一味辣椒粉少許

作法

①白蘿蔔切半去皮，以菜刀於表面劃十字。將昆布放入鍋內，並浸泡於剛好蓋過昆布的水之中，靜置約一小時。
②將白蘿蔔與剛好蓋過白蘿蔔的水，放入裝著昆布和水的鍋子中，開火烹煮。
③快要煮沸時轉至小火，烹煮至可以用筷子輕鬆刺穿白蘿蔔為止。
④將白蘿蔔和少許烹煮的湯汁盛入碗中，放上香味肉燥及柚子皮，然後撒上辣椒粉即可。

蛋拌烏龍麵

材料（2 人份）

烏龍麵2球、蛋黃2顆、香味肉燥適量、青蔥1根、白芝麻少許

作法

①青蔥切小段，烏龍麵依個人喜好的硬度烹煮後盛盤。
②放上香味肉燥、蛋黃、青蔥，然後撒上芝麻。
③拌勻後食用。

＊請以香味肉燥的份量調整味道的濃淡。

紫萁炒甜不辣

我很喜歡紫萁帶有嚼勁的口感，因此經常製作這道御萬歲。有別於味道清淡爽口的煮法，這道御萬歲口味略偏甘甜且味道濃厚，相當下飯。如果採用泡發後的乾燥紫萁會頗具嚼勁，可烹製出另一種風味。不過，當時間不是那麼充裕時，就用水煮紫萁也沒關係。

先以油鍋翻炒紫萁，待炒乾後，再加入高湯和調味料慢火煨煮。在起鍋前加入的麻油，是決定味道好壞的關鍵，加太多反而會讓味道過重，因此務必只滴一滴即可。

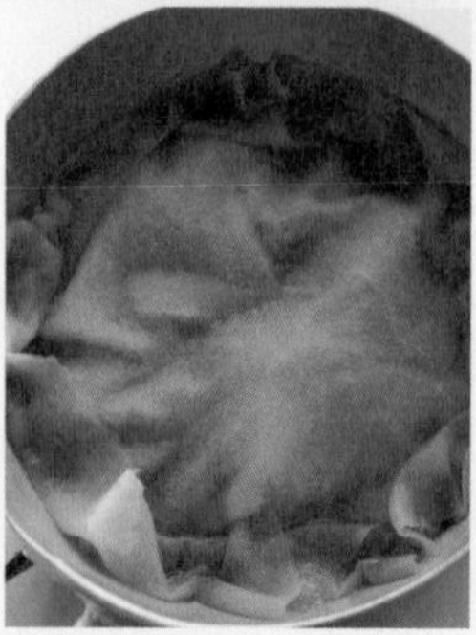

材料（方便製作的份量）

紫萁（水煮）150g、甜不辣2片、沙拉油1又1/2小匙、麻油少許

〈A〉昆布和柴魚高湯1杯、砂糖1小匙、等比例醬（參考P.55）4大匙

作法

①紫萁切除堅硬部分、切成長5cm的大小；甜不辣切成寬3mm的大小。

②鍋內加入沙拉油，以中火翻炒紫萁一到兩分鐘。接著，加入甜不辣輕炒，然後放入〈A〉開火烹煮。待煮沸後蓋上防溢蓋，繼續煨煮至只剩下一些湯汁，然後滴入麻油。降溫後裝進乾淨的瓶罐中並放入冰箱冷藏，約可保存一個星期。

檸檬蒸長蔥

臺灣盛產季：全年產蔥

如果生吃長蔥，味道將極爲辛辣，但若充分烹煮過，將變得相當甘甜。由於長蔥可用於火鍋、炒菜、提味等各種烹調方式，因此在我家相當活躍。

能夠充分品嚐長蔥美味的罐裝食品，就是這種檸檬蒸長蔥。長蔥的甘甜、檸檬的酸味及入口即化的口感，和白葡萄酒極爲搭配。此外由於口味相當清爽，所以和肉類、海鮮料理也非常對味。畢竟這種罐裝保存食有利變化菜色，如果能大量做起來備用，十分方便。雖然材料中使用了檸檬汁帶出酸味，但不愛酸味的人不妨少放一些，一邊試吃口味、一邊調整。

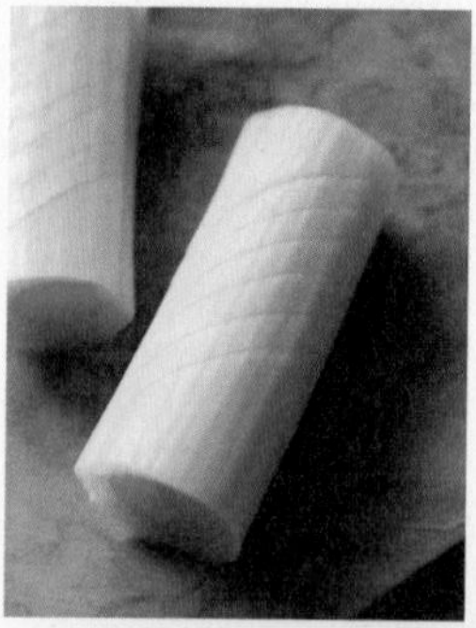

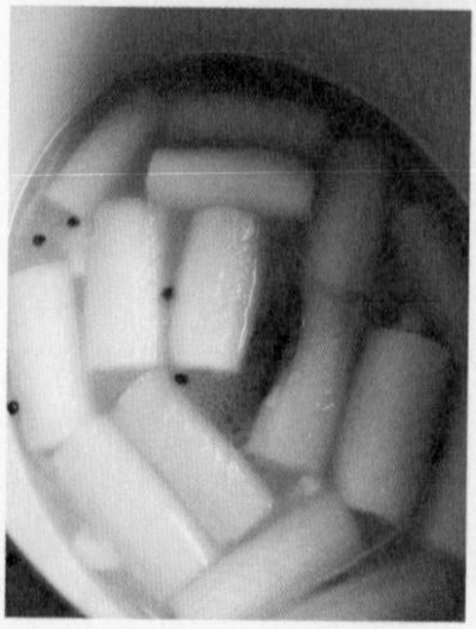

材料（方便製作的份量）

長蔥3根、大蒜1瓣、水1杯、白葡萄酒3大匙、檸檬汁1大匙、檸檬皮少許、鹽1小匙、橄欖油2大匙、黑胡椒粒1/2小匙、月桂葉1片

作法

①長蔥切成5cm長段，且於兩側稍微劃開一道缺口以利入味。大蒜搗碎。檸檬皮以菜刀削去內側白皮後、切絲。
②將全部材料放入鍋內開火烹煮，待煮沸後，蓋上鍋蓋但不要密合，以小火蒸煮約十分鐘。
③煮軟後待其降溫，然後裝進乾淨的瓶罐中並放入冰箱冷藏，約可保存一個星期。

＊如果加了過多檸檬皮，苦澀味將變重，請以一個十圓硬幣的大小為基準，試著調味。

長蔥培根義大利麵

材料（2 人份）

檸檬蒸長蔥6根、檸檬蒸汁2～3大匙、培根4片、義大利麵160g、長蔥綠色部分適量、大蒜（搗碎）1瓣、橄欖油2大匙、鹽及胡椒各少許

作法

①用大量加了鹽的沸水烹煮義大利麵，長蔥的綠色部分斜切成薄片，培根切為寬3cm的大小。

②將橄欖油及大蒜放入平底鍋中，以小火烹煮。待大蒜爆香後，再加入長蔥綠色部分和培根，轉中火拌炒。

③待長蔥的綠色部分變軟後，加入檸檬蒸長蔥、檸檬蒸汁，以及偏硬程度煮好的義大利麵，再加上煮麵汁一到二湯瓢。一邊搖晃平底鍋，一邊讓義大利麵入味。以鹽調味後起鍋盛盤，撒上胡椒即可。

嫩煎鱈魚佐長蔥芥末馬鈴薯

材料（2 人份）

生鮮鱈魚2片、咖哩粉1撮、胡椒少許、低筋麵粉適量、橄欖油1大匙、馬鈴薯2顆、奶油10g、檸檬蒸長蔥6根、芥末籽醬2小匙
〈A〉鹽2撮、白葡萄酒2小匙

作法

①將〈A〉搓抹於鱈魚上，靜置十分鐘。
②馬鈴薯帶皮水煮，趁熱剝皮後，與奶油一併放入調理盆中，以餐叉搗碎。接著加入檸檬蒸長蔥及芥末籽醬，繼續用餐叉攪拌至質地滑潤為止。如果味道過淡，可以用鹽（另外準備）調味。
③以厚紙巾拭乾鱈魚的水分，撒上咖哩粉和胡椒，拍裹低筋麵粉，然後將橄欖油倒入以大火熱過的平底鍋中煎煮鱈魚。待表面呈焦脆狀，則翻面以中火煎煮後起鍋。
④將②盛盤，再放上③，最後輕撒胡椒即可。

辣白菜

臺灣盛產季：全年盛產

這是中國菜當中大家耳熟能詳，口味辛辣的甜醋漬白菜。通常在高檔餐廳裡，只用白色的菜心部分醃製，然後工整地擺盤上桌。但在家裡品嚐的話，也會使用葉片部分，毫不浪費地進行醃製。

畢竟這是一種甜醋醬菜，在店內享用時口味極甜。但我不大喜歡過甜，因此醃製時會刻意減少砂糖用量。正因如此，吃起來感覺頗爲清爽，宛如沙拉般毫不嫌膩，所以建議大量醃製備用。其中的辣味是以紅辣椒提味，不過，加入少量辣油也十分美味喔！

材料（方便製作的份量）

白菜500g、鹽10g

〈A〉醋3大匙、砂糖1大匙、嫩薑片（切絲）5片的份量、紅辣椒（切圓片）少許

〈B〉麻油及沙拉油各1大匙、花椒1小匙

作法

①白菜芯切成寬1cm的細條狀，葉片則大略切一下，然後以水簡單清洗後放在篩子裡。

②將白菜與鹽放進調理盆中以手搓揉，然後靜置一到兩小時令其變軟。

③擰乾②的水分，放進調理盆中與〈A〉拌勻。

④將〈B〉放入平底鍋中開火烹煮，待略微起煙，則起鍋淋在③上。快速攪拌一下，然後靜置三到四小時，讓白菜入味後即可食用。裝進乾淨的瓶罐中並放入冰箱冷藏，約可保存一個星期。

column 7

瓶罐的回收利用與瓶蓋

我在製作罐裝食品時所用的瓶罐，有不少是回收市售果醬或調味料的瓶罐來使用。因為其中有許多市售瓶罐沒有的造型，或是屬於方便使用的大小。只不過扭蓋式的瓶罐，在使用過程中，瓶蓋內側的包膜會剝落，所以我會多收集一些扭蓋式的瓶身，而替換用的蓋子則上網購買。只要瓶身沒破，單換瓶蓋便可永久使用，因此可多買一些瓶蓋備用。有時，家裡瓶蓋多到連自己都懷疑，是不是足夠使用一輩子，極為方便。

至於瓶狀的保存罐，由於多半採用軟木塞蓋，所以我會配合自己喜愛的瓶子大小，量購軟木塞蓋來備用。針對要長期保存或當禮物送人的罐裝食品，我會綁上繩子；若想來點特別的感覺，我還會在繩子上施以蠟封。

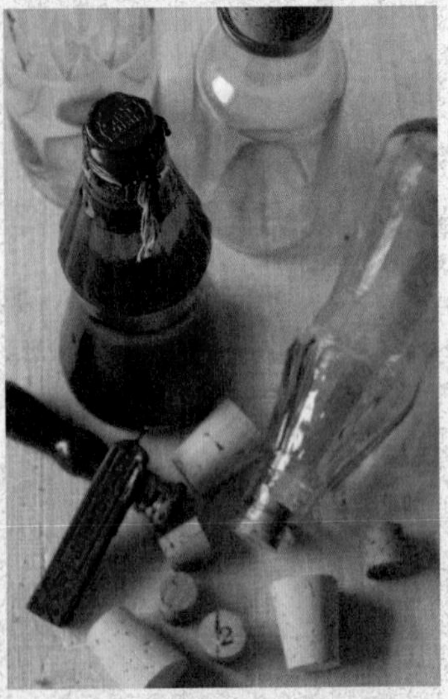

此外，關於那些每天都會用到的罐裝食品，如果採用酒嘴將十分方便。由於酒嘴插入瓶口的部分為軟木塞製，而且傾倒瓶身時，瓶蓋會自然開啟倒出汁液，因此通常被我用來盛裝黑糖漿（第六十六頁）等。此款酒嘴（照片下方．左）為德國製，購買於二十年前，不過卻毫無損壞、繼續使用中。此外，也有軟木塞部分改以塑膠製的酒嘴，這款則附有塑膠嘴蓋。如果想用來盛裝等比例醬（第五十五頁），無論哪一款都十分方便好用。

香辣菠菜馬鈴薯泥

臺灣盛產季：11～2月

雖然一年四季都能買到菠菜，但最美味的季節仍是冬季。因受霜而甜味大增的菠菜，簡直美味到太令人驚訝了。而且據說維生素C等的營養價值，幾乎是夏天的三倍，所以爲了預防感冒，菠菜向來是我積極設法每天端上餐桌的蔬菜。

諸如燙菠菜、奶油炒菠菜等，菠菜通常都被簡單地烹調食用。我建議不妨多下點工夫，搭配馬鈴薯來做成抹醬。只要從冰箱拿出來，塗在麵包上或夾在麵包裡即可，十分適合在忙碌的早晨享用。此外，也能運用於其他食材的搭配，相當不錯。

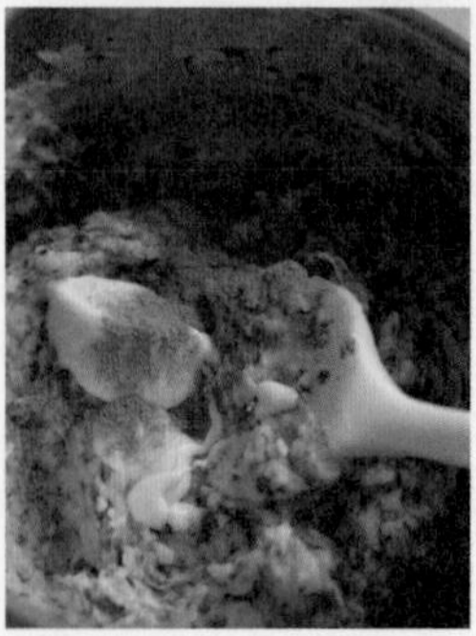

材料（500cc 瓶罐 1 瓶份）

菠菜1把、馬鈴薯2顆、洋蔥1/2顆、橄欖油2小匙、奶油10g、牛奶1杯

〈A〉美乃滋1大匙、鹽1/2～2/3小匙、咖哩粉1小匙、胡椒少許

作法

①馬鈴薯切成厚5mm的半月形後泡水，洋蔥切成薄片。

②將橄欖油、奶油、洋蔥放入鍋內，以小火炒至略成焦色。

③把牛奶與馬鈴薯加進②當中，蓋上鍋蓋以小火烹煮。

④菠菜汆燙並切末後，以濾布包起來擰乾水分。

⑤待馬鈴薯變軟後，掀開鍋蓋、收乾水分，再以餐叉搗碎馬鈴薯，等其降溫。加入菠菜及〈A〉調味，然後裝進乾淨的瓶罐中並放入冰箱冷藏，約可保存一個星期。

鮭魚馬鈴薯吐司

材料（1人份）

香辣菠菜馬鈴薯泥適量、煙燻鮭魚2片、麵包1片、蒔蘿少許、胡椒少許

作法

①以烤麵包機將麵包烤至焦黃適中。
②將香辣菠菜馬鈴薯泥塗於麵包上，然後放上煙燻鮭魚，再撒上蒔蘿切末及胡椒即可。

＊將鮪魚碎肉加入香辣菠菜馬鈴薯泥中，然後夾進薄片麵包裡做成三明治，也十分美味喔！

海鮮馬鈴薯焗烤麵包

材料（2人份）

香辣菠菜馬鈴薯泥1又1/2杯、去殼蝦10尾、麵包1/2片、無鹽奶油10g、切絲乳酪1/2杯
〈A〉鹽1撮、胡椒少許、白葡萄酒1小匙

作法

①將〈A〉搓抹於去殼蝦上，把奶油放入以大火熱過的平底鍋中、拌炒去殼蝦。
②將①與香辣菠菜馬鈴薯泥拌勻，放進刷了一層薄油的耐熱烤皿中。
③鋪上切丁的麵包與乳酪，放進以230度預熱的烤箱中烘烤五到十分鐘，直到呈現焦色適中的顏色為止。

紅燒蘿蔔絲乾

蘿蔔絲乾香噴噴的味道，從公寓的走廊上飄了過來。好幾次，我都是因為聞到這個味道，而在晚餐時加做了蘿蔔絲乾這道菜。我平常都會買些蘿蔔絲乾放著備用，只要想到它，就能立刻動手料理。紅燒蘿蔔絲乾要做得好吃，關鍵就在於須以泡發蘿蔔絲乾與乾香菇的湯汁來炊煮，並加入日本酒漬乾的干貝。泡發的湯汁中含有蘿蔔絲乾的甜味和乾香菇的鮮味，同時還有來自干貝的大量鮮甜汁液。

如果沒有乾干貝，請改以切成細末的豬肉或甜不辣試做看看。

材料（方便製作的份量）

蘿蔔絲乾2把、乾香菇2朵、紅蘿蔔1/3根、豆皮1/2片、生麻油2小匙

〈A〉日本酒漬乾干貝剝絲*1粒的份量、醃漬乾干貝的日本酒1大匙、砂糖1小匙、淡醬油2又1/2大匙、味醂1大匙、泡發蘿蔔絲乾與乾香菇的混合湯汁2杯

作法

①將乾香菇浸泡於剛好蓋過乾香菇的水中泡發，再切成薄片。蘿蔔絲乾浸泡於剛好蓋過蘿蔔絲乾的水中十到十五分鐘泡發，再擰乾水分大略切一下。將紅蘿蔔和豆皮切絲。

②把麻油倒入鍋內，以中火拌炒蘿蔔絲乾和乾香菇。

③將紅蘿蔔、豆皮、〈A〉加入鍋內，煨煮至鍋內只剩一些湯汁即可。

*此為將乾干貝醃於日本酒中泡發的食材，隔天起即可使用，放入冰箱冷藏約可保存三個月。

蘿蔔絲乾魩仔魚什錦飯

材料（4人份）

紅燒蘿蔔絲乾1杯、魩仔魚3大匙、米2合（量米杯2杯）
〈A〉鹽1小匙、日本酒1大匙、水2杯（量米杯2杯）

作法

①稍微瀝乾紅燒蘿蔔絲乾的水分，大略切一下。
②將洗淨的米、①、魩仔魚、〈A〉放進電鍋內鍋一同炊煮即可。

蘿蔔絲乾玉子燒

材料（方便製作的份量）

紅燒蘿蔔絲乾1/2杯、青蔥1根、雞蛋2顆、醬油1/2小匙、鹽1撮
〈A〉沙拉油、麻油各1小匙

作法

①稍微擰乾紅燒蘿蔔絲乾的水分，然後大略切一下。青蔥切小段。
②將蛋打入調理盆中打成蛋液，加入①、醬油和鹽拌勻。
③煎蛋鍋以中火加熱，再裹以滲入於厚紙巾中的〈A〉，將蛋汁分三到四次倒入煎煮即可。

＊加入醬油肉燥（參考P.56），像煎什錦燒般煎整片。最後沾醋醬油享用，也十分美味喔！

蘭姆酒漬葡萄乾煉乳醬

蘭姆酒漬葡萄乾可加到蛋糕烘烤等用途，十分方便好用。因此，我總是大量醃製，然後裝進大瓶罐中保存。

某一天，當我享用著加了蘭姆酒漬葡萄乾的香草冰淇淋時，突然靈光一閃，想到這一種抹醬。如果在煉乳中加入蘭姆酒漬葡萄乾，是否就會變成這種味道？一想到此，我實在無法按捺自己不動手一試。於是，我立刻做了煉乳，然後把蘭姆酒漬葡萄乾往裡一撒！結果做出了令人眉開眼笑，屬於成熟口味的醬料。製作的重點爲須等煉乳完全冷卻之後，再加入蘭姆酒漬葡萄乾，如此一來，將可避免兩者無法融合。

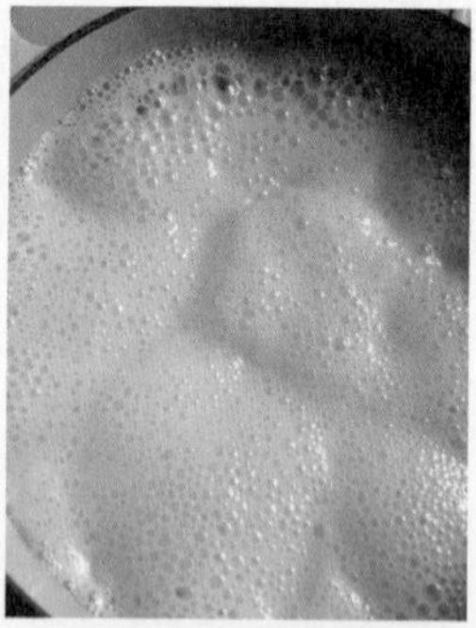

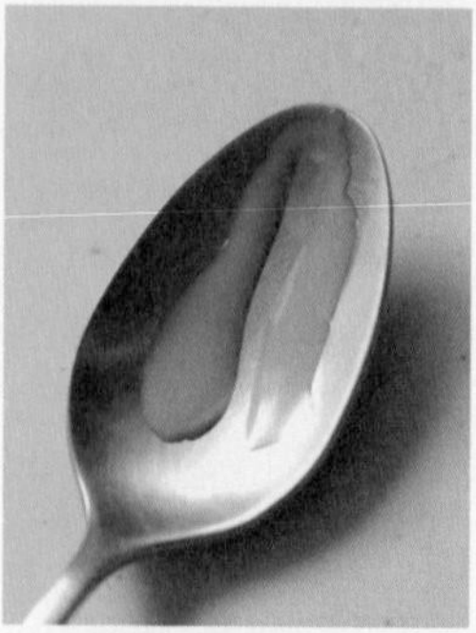

材料（方便製作的份量）

牛奶500cc、砂糖250g、蘭姆酒漬葡萄乾*的葡萄乾3大匙、醃製葡萄乾的蘭姆酒2小匙

作法

①將牛奶與砂糖放進厚實的鍋子裡開火烹煮，待煮沸後轉偏弱的中火，偶而以橡皮刮刀刮攪鍋邊和鍋底，持續煨煮約三十分鐘。
②隨後將會煮出細泡，待呈糊狀後，取少量滴於事先冰存在冷凍庫裡的湯匙上。如果手指滑過所產生的線並未立即消失，而是略有暫留的話則離火。
③放涼至體溫的溫度後，加入葡萄乾和蘭姆酒拌勻。裝進乾淨的瓶罐中並放進冰箱冷藏，約可保存一個月。

*蘭姆酒漬葡萄乾的作法：將1/2杯未裹油葡萄乾，放進1杯黑蘭姆酒之中，醃漬約十天即可。

column 8

廚房擦巾的廢物利用

每到年底，我總會將用舊的濾布和廚房擦巾換新，準備迎接新年。當然，我並不會扔掉舊的濾布和廚房擦巾，我們家通常會物盡其用後，再予以丟棄。

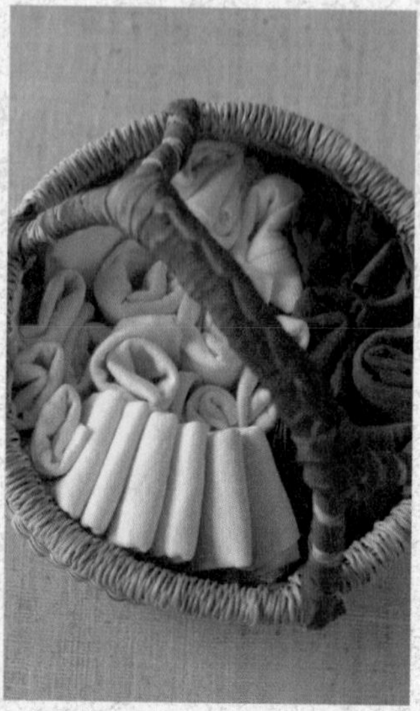

先來説一説濾布吧！把濾布裁成適當的大小放入籃子內，當作廚房「稍微擦一下」的抹布使用。有了這種小片濾布，就可用來把油刷抹於鐵鍋中，也可拭淨餐後碗盤上的油汙，而一旦變髒了就扔進垃圾桶。沒錯，這就是厚紙巾的代用品。

至於廚房擦巾，則會當作抹布來用。剪開布邊的縫線，讓擦巾變成一塊布，然後摺成兩到三摺縫成袋狀，最後以縫紉機完成車縫。此外，若將用久變薄的擦巾疊放個幾塊，再以縫紉機車上刺繡用的繡線，也能重新變成柔軟的抹布。

另外，廚房擦巾中較不適合當作抹布的厚擦巾，則可大片剪下當作廚房清掃用的擦巾使用。諸如換氣扇的汙垢，若先噴上溶入小蘇打粉的水，再用擦巾擦拭清洗，就不會像海綿刷那般把髒油滴得到處都是。順帶一提，我用的小蘇打水，是用於噴霧罐中，比例為小蘇打粉一大匙和溫水三十cc。小蘇打水既無合成清潔劑的刺鼻味，而且使用後的擦巾直接扔掉即可，所以自從開始這樣搭配使用後，我的清掃工作比以前輕鬆多了。除了廚房擦巾外，我也會把不再穿的棉質T恤或襯衫，剪成適當的大小，做為掃除使用。諸如此類，我就是以這樣的方式，將擦巾類用品做最徹底的活用。

以罐裝食品製作的魔法便當

只要事先做好罐裝保存食備用，
也能輕鬆愉快地製作便當。
在此，為大家介紹利用罐裝食品做成，
深得我心的四種便當類型。

香味肉燥（p.182）

以搭配沙拉飯感覺的布巾包住木盆，用餐時則把布巾當作餐墊使用。

01

沙拉飯

這是我在生菜最爲美味的春到夏季時，經常製作的便當。不採用便當盒，而是將香味肉燥、沙拉、白飯等分別打包，然後放進木盆中攜帶，用餐前再把各種配料裝進木盆裡，拌匀後就成了一道沙拉飯。

能品嚐到現做的美味，是我最滿意之處。

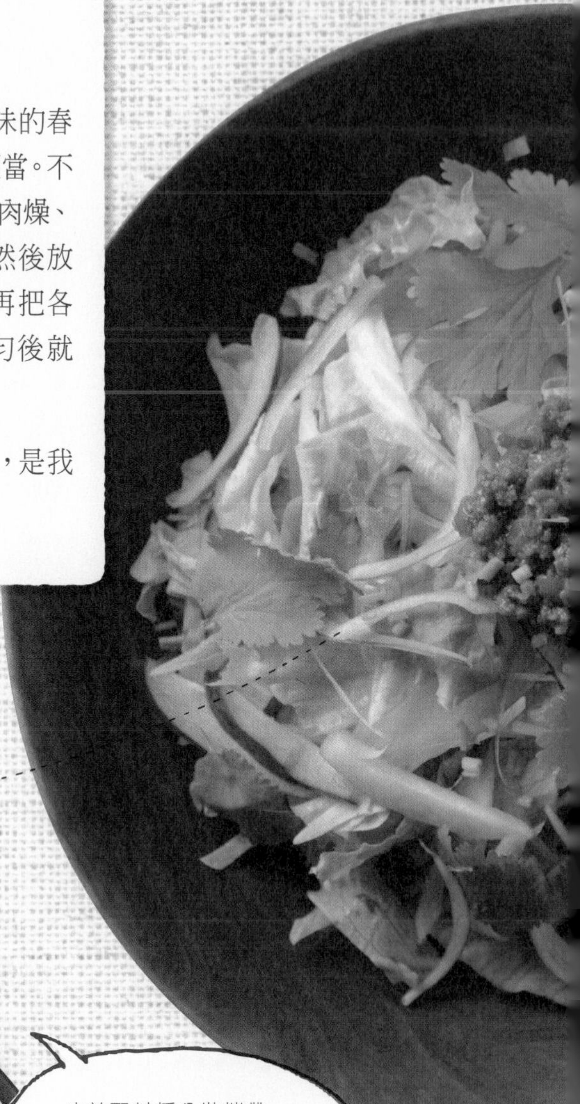

甜醋漬蘘荷（P.126）

由於配料採分裝攜帶，因此無須擔心便當中的菜餚會傾倒，另外夏天時還會放入保冷劑。

02

三明治餐籃

如果有肉醬罐頭和蔬菜泥等，適合搭配麵包食用的罐裝食品時，我勢必毫不猶豫地製作三明治餐籃。如果再放進西式醃菜和代替點心的甜口味三明治，那就更加完美了。此外，若能先鋪蠟紙，再放進三明治，不僅美觀，也無須擔心弄髒餐籃。

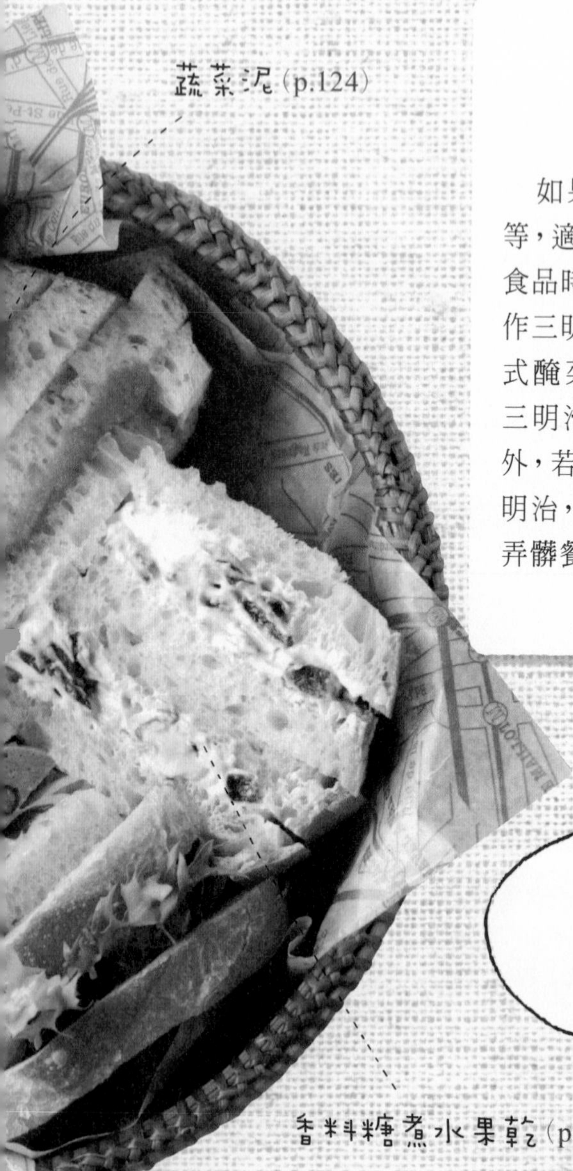
香料糖煮水果乾(p.170)
肉醬罐頭(p.174)

也可用大布巾稍微變化一下包裝方式，說不定根本沒人會發現裡面包的是個便當呢！

附有彩色籃蓋的餐籃是不丹的便當盒，大小剛好可放一人份的三明治。

義式醃菜(p.44)

美乃滋(p.24)

芥末籽醬(p.46)

以「美乃滋」做成
簡單馬鈴薯沙拉(p.24，p.27)

以「美乃滋」
和「哈里薩辣醬」
做成鮮蝦酪梨沙拉
(p.24，p.104)

紅蘿蔔沙拉(p.30)

03

西式家常菜便當

如果裝進了以罐裝食品做成的多彩菜餚，便完成了西式家常菜風格便當。

只要以西生菜葉分隔，就能不留縫隙地完全塞滿，若再佐以佛卡夏，更是份量十足。要是還附上白葡萄酒，那簡直是讚到無以言喻！

此款不鏽鋼製的雙層餐盒為泰國製，能直接放在火源上，因此也很建議用於戶外活動時。

搭配餐盒做成的袋子，打結處的側邊留一個開口，可插放筷子或刀叉匙。

以「煨蘑菇」
做成蘑菇番茄歐姆蛋
（p.148）

以「哈里薩辣醬」
做成塔吉鍋蒸鹹豬肉鷹嘴豆
（p.104，p.107）

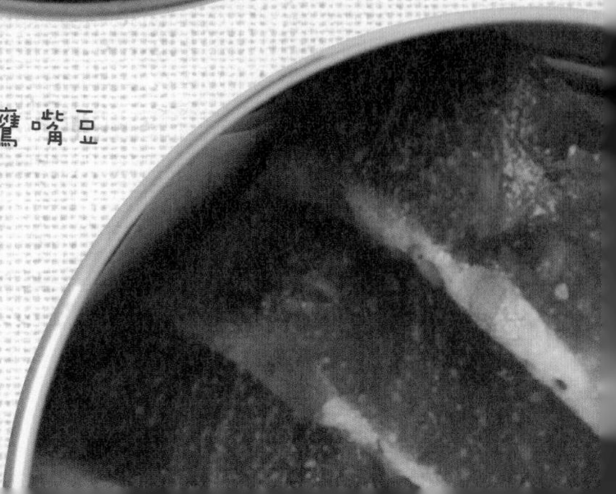

重量輕且感覺乾淨，微微滲入白飯中的檜木香更是美味元素之一，日式便當就屬圓木盒最具代表性。

乾炒碎豆腐(p.130)

魩仔魚燉萬願寺辣椒(p.102)

淺漬醃菜(p.146)

用來包便當的和風布巾，最常出現猴子圖案，用餐時便可當作餐墊使用。

04

圓木盒便當

當日式家常菜的罐裝食品相當充足時，我往往會製作圓木盒便當。玉子燒是便當的招牌臺柱，絕不可缺少。此外，像是煨四素的菜餚，如果做成肉捲，就很適合拿來裝便當。再來只要裝進火柴盒大小的烤魚，以及蔬菜類的罐裝食品就行了。至於白飯，就算只放上一顆醃梅也相當足夠。

各種便當
周邊小配件

01 拋棄式容器

做便當送人或是外出健行時，可使用外出攜帶用拋棄式容器。若還有紙製小菜杯或木製刀叉匙的話，將更爲方便。

02 溼手巾盒

用來裝溼手巾的不鏽鋼罐，是我在亞洲風格雜貨店發現的印度香料罐。由於能緊閉罐蓋，因此十分便於用來攜帶溼手巾。

03 刀叉匙

享用便當時所用的刀叉匙，我建議採用木製品，不僅輕巧，攜帶走動時也不會發出喀嚓撞擊聲。至於筷子，我則使用附有筷盒的餐筷。

04 蠟紙

可用來鋪於三明治餐籃底部，由於防油防水，因此無須擔心弄髒餐籃內部。另外，也能用來包裝麵包、點心蛋糕等。

05 中國茶水壺

這個耐熱型隨身壺是我收到的臺灣伴手禮，由於壺口附有濾網，因此喝茶時不會喝到茶葉。通常中國茶回沖三次後依然美味，所以只要早上沖了茶再外出，一整天都能享受美味茶飲。

06 一葉蘭

通常用於分隔裝進圓木盒便當的菜餚。如果用了一葉蘭，綠色將有點綴效果，讓便當外觀更加可口美味。為了能隨時取用，我特地種在陽臺，不過由於太常使用，一葉蘭的生長根本趕不上我使用的速度，因此有時也會到花店購買。

07 各式分裝小盒

針對味道會影響其他菜餚的菜色，諸如醬菜等，我通常會使用分裝小容器。比方說，木製迷你碗或矽膠製糕點烤模等，只要清洗乾淨就能重複使用，而且具有天然的色澤，令我相當喜愛。此外薄木片做的船型小碟，則為圓木盒便當不可或缺的分裝容器。

08 和風布巾

包裹圓木盒便當時，我通常會使用和風布巾。我有許多蠶豆、落花生、栗子等充滿季節感的布巾，因此十分享受將手巾圖案與便當菜色互做搭配的樂趣。用餐時，不但可把布巾當作餐墊或餐巾使用，餐後還可用來擦拭洗淨的圓木盒便當，相當方便好用。

後記——封藏當季盛產的食材

把我家做菜時絕不可或缺的罐裝保存食，集結成冊出版了《瓶漬魔法》一書，已是二〇一四年的事情了。

無論是果醬還是調味料甚至家常菜，只要做成「罐裝常備菜」，不僅易於保存，從外觀也很容易辨識，這些好處著實令我深感自豪。不過，讀者們的讀後感想就不知如何了……坦白說，我仍有些忐忑不安。

但是，發行後過了幾天，我收到了眾多讀者及友人的留言來信，這才化解了我內心的不安。

將烹飪書籍規畫為文庫書籍的尺寸，可說相當罕見。正因如此，我得知了許多令人開心的訊息，諸如「我總是把書放在包包裡，上班搭車時拿出來翻一翻，下班後便去超市把想吃的罐裝食品材料買回家，就算沒有詳細做筆記，只要有了這本書就能採買，非常方便。」或是「我媽來我家玩的時候說這本書很不錯，要我借她一下，結果就把書帶走了，於是我只好再買一本。」等，聽說其中還有人讓遠嫁國外的女兒把書帶去，這實在太令我感動了。

對我而言，所有的讚美就是勝過一切的美食，只要大家說聲「太棒了！」「太美味了！」我便深受鼓舞，進而更加致力於罐裝保存食的製作。

事隔三年，我又整理出許多罐裝常備菜，於是，出版了第二本書。這一次，我希望能著重於當令美食，因此分成春夏秋冬四季來介紹罐裝保存食。當各位看到當季盛產的食材時，如果能不經意地想起這本書，並且將書翻開，動手製作的話，將令我感到萬分喜悅。

期待屬於你的美味罐裝常備菜，從此又增加了一樣……。

分類索引

日式家常菜及配菜的基底

西式家常菜及配菜的基底

醬菜、西式醃菜

Style 15
瓶漬魔法2 封藏春夏秋冬美味的罐裝常備菜

原書書名——春夏秋冬の魔法のびん詰め
原出版社——三笠書房
作　　者——小寺宮（KOTERA MIYA）

翻　　譯——簡琪婷
企劃選書——何宜珍
責任編輯——呂美雲
版 權 部——黃淑敏、吳亭儀、林宜薰
行銷業務——林彥伶、石一志
總 編 輯——何宜珍
總 經 理——彭之琬
發 行 人——何飛鵬

法律顧問——台英國際商務法律事務所　羅明通律師
出　　版——商周出版
臺北市中山區民生東路二段141號9樓
電話：(02) 2500-7008　傳真：(02) 2500-7759
E-mail：bwp.service@cite.com.tw
發　　行——英屬蓋曼群島商家庭傳媒股份有限公司城邦分公司
臺北市中山區民生東路二段141號2樓
讀者服務專線：0800-020-299　24小時傳真服務：(02)2517-0999
讀者服務信箱E-mail：cs@cite.com.tw
劃撥帳號——19833503　戶名：英屬蓋曼群島商家庭傳媒股份有限公司城邦分公司
訂購服務——書虫股份有限公司客服專線：(02)2500-7718；2500-7719
服務時間——週一至週五上午09:30-12:00；下午13:30-17:00
24小時傳真專線：(02)2500-1990；2500-1991
劃撥帳號：19863813　戶名：書虫股份有限公司
E-mail：service@readingclub.com.tw
香港發行所——城邦(香港)出版集團有限公司
香港灣仔駱克道193號東超商業中心1樓
電話：(852) 2508 6231傳真：(852) 2578 9337
馬新發行所——城邦(馬新)出版集團
Cité (M) Sdn. Bhd. (458372U) 11, Jalan 30D/146, Desa Tasik, Sungai Besi,
57000 Kuala Lumpur, Malaysia.
電話：603-90563833　傳真：603-90562833
行政院新聞局北市業字第913號

美術設計——copy
印　　刷——卡樂彩色製版印刷有限公司
經 銷 商——聯合發行股份有限公司　電話：(02)2917-8022　傳真：(02)2911-0053

2016年（民105）6月7日初版　Printed in Taiwan　定價320元
 978-986-477-029-8
商周出版部落格——http://bwp25007008.pixnet.net/blog

國家圖書館出版品預行編目

瓶漬魔法2 封藏春夏秋冬美味的罐裝常備菜／小寺宮著；簡琪婷譯.
——初版.——臺北市：商周出版：家庭傳媒城邦分公司發行，民105.06　224面；14.8×21公分
譯自：春夏秋冬の魔法のびん詰め
ISBN 978-986-477-029-8（平裝）　1.食譜　2.食物酸漬　3.食物鹽漬
427.75　　105007856

商周出版

廣　告　回　函	
北區郵政管理登記證	
台北廣字第 000791 號	
郵資已付，免貼郵票	

104台北市民生東路二段 141 號 2 樓

英屬蓋曼群島商家庭傳媒股份有限公司

城邦分公司

請沿虛線對摺，謝謝！

商周出版

書號: BS6015　**書名:** 瓶漬魔法2 封藏春夏秋冬美味的罐裝常備菜　**編碼:**

請於此處用膠水黏貼

商周出版

讀者回函卡

不定期好禮相贈！
立即加入：商周出版
Facebook 粉絲團

感謝您購買我們出版的書籍！請費心填寫此回函卡，
我們將不定期寄上城邦集團最新的出版訊息。

姓名：________________ 性別：☐男 ☐女

生日：西元________年________月________日

地址：________________

聯絡電話：________________ 傳真：________________

E-mail ：

學歷：☐ 1. 小學 ☐ 2. 國中 ☐ 3. 高中 ☐ 4. 大學 ☐ 5. 研究所以上

職業：☐ 1. 學生 ☐ 2. 軍公教 ☐ 3. 服務 ☐ 4. 金融 ☐ 5. 製造 ☐ 6. 資訊
☐ 7. 傳播 ☐ 8. 自由業 ☐ 9. 農漁牧 ☐ 10. 家管 ☐ 11. 退休
☐ 12. 其他________________

您從何種方式得知本書消息？

☐ 1. 書店 ☐ 2. 網路 ☐ 3. 報紙 ☐ 4. 雜誌 ☐ 5. 廣播 ☐ 6. 電視
☐ 7. 親友推薦 ☐ 8. 其他________________

您通常以何種方式購書？

☐ 1. 書店 ☐ 2. 網路 ☐ 3. 傳真訂購 ☐ 4. 郵局劃撥 ☐ 5. 其他________

您喜歡閱讀那些類別的書籍？

☐ 1. 財經商業 ☐ 2. 自然科學 ☐ 3. 歷史 ☐ 4. 法律 ☐ 5. 文學
☐ 6. 休閒旅遊 ☐ 7. 小說 ☐ 8. 人物傳記 ☐ 9. 生活、勵志 ☐ 10. 其他

對我們的建議：________________

____

____

【為提供訂購、行銷、客戶管理或其他合於營業登記項目或章程所定業務之目的，城邦出版人集團（即英屬蓋曼群島商家庭傳媒（股）公司城邦分公司、城邦文化事業（股）公司），於本集團之營運期間及地區內，將以電郵、傳真、電話、簡訊、郵寄或其他公告方式利用您提供之資料（資料類別：C001、C002、C003、C011 等）。利用對象除本集團外，亦可能包括相關服務的協力機構。如您有依個資法第三條或其他需服務之處，得致電本公司客服中心電話 02-25007718 請求協助。相關資料如為非必要項目，不提供亦不影響您的權益。】

1.C001 辨識個人者：如消費者之姓名、地址、電話、電子郵件等資訊。
2.C002 辨識財務者：如信用卡或轉帳帳戶資訊。
3.C003 政府資料中之辨識者：如身分證字號或護照號碼（外國人）。
4.C011 個人描述：如性別、國籍、出生年月日。

請於此處用膠水黏貼